缪永留　蒋　波●著

进阶，创客少年之探秘Arduino

河海大学出版社
HOHAI UNIVERSITY PRESS
·南京·

图书在版编目（CIP）数据

进阶，创客少年之探秘 Arduino / 缪永留，蒋波著
.-- 南京 : 河海大学出版社， 2023.8
ISBN 978-7-5630-8300-8

Ⅰ.①进… Ⅱ.①缪… ②蒋… Ⅲ.①单片微型计算机－程序设计－青少年读物 Ⅳ.① TP368.1-49

中国国家版本馆 CIP 数据核字 (2023) 第 139074 号

书　　名 进阶，创客少年之探秘 Arduino
JINJIE，CHUANGKE SHAONIAN ZHI TANMI Arduino
书　　号 ISBN 978-7-5630-8300-8
责任编辑 高晓珍　杨　雯
特约编辑 韩贤强
特约校对 张绍云
封面设计 张世立
出版发行 河海大学出版社
地　　址 南京市西康路 1 号 （邮编：210098）
网　　址 http://www.hhup.com
电　　话 025-83737852（总编室） 025-83722833（营销部）
025-83787104（编辑室）
经　　销 江苏省新华发行集团有限公司
排　　版 南京布克文化发展有限公司
印　　刷 广东虎彩云印刷有限公司
开　　本 710 mm×1000 mm　1/16
印　　张 9.75
字　　数 178 千字
版　　次 2023 年 8 月第 1 版
印　　次 2023 年 8 月第 1 次印刷
定　　价 49.00 元

目录

项目一

免打扰双闪灯

问题聚焦

科技社团课上，一位同学提出这样一个问题，自己在房间学习时，爸爸妈妈经常会不敲门就进来，容易打扰到学习。他经常因为这个与父母产生冲突，非常烦恼。如果能够帮他制作一个显示装置，让爸爸妈妈一看就知道自己正在学习中，不要轻易打扰，那样既能让自己安心学习，也能减少不必要的家庭冲突。

到底要如何实现呢？让我们一起走进蒋老师的科技课堂探个究竟吧！

明确主题

为了帮他完成这个任务，我们就来利用Arduino UNO R3硬件、Mind+软件配合激光切割软件一起做一个简单的免打扰双闪灯吧。

步骤1：学习使用Arduino UNO R3硬件和Mind+软件，让两盏LED灯闪烁起来。

步骤2：利用激光切割软件，设计做一个免打扰安装盒。

步骤3：组装各元件。

认识伙伴

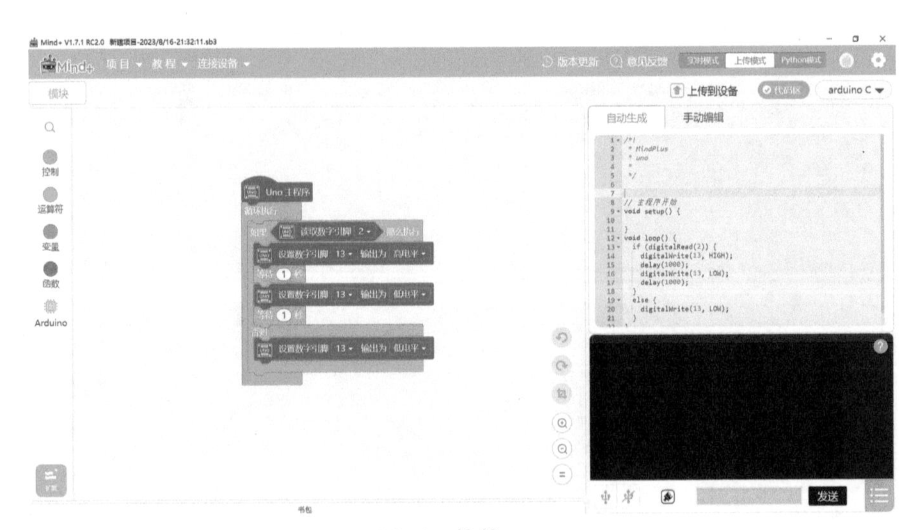

Mind + 软件

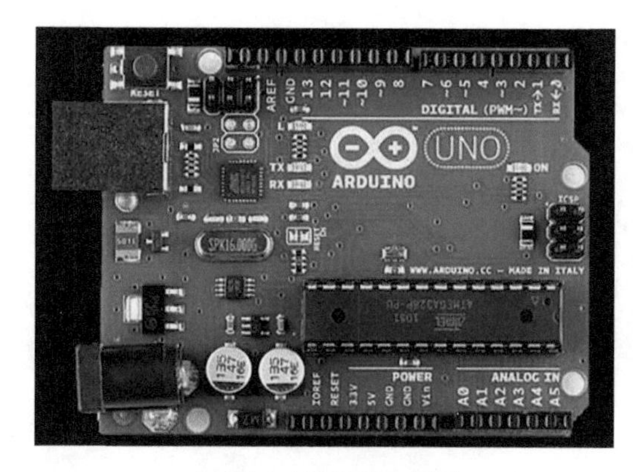

Arduino UNO R3 主板

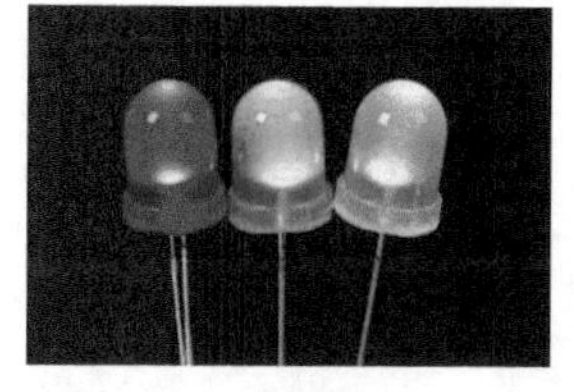

LED 灯

杜邦线

激光切割盒子

学习技能

1 初识Arduino

本环节任务：初步了解 Arduino。

1. 介绍 Arduino

（1）历史

Arduino 是由一个欧洲开发团队于 2005 年冬季开发完工的。它是一款便捷灵活、方便上手的开源电子平台，其中既包括硬件平台，也包括各种软件平台。Arduino 能通过各种各样的传感器来感知环境，通过控制灯光、马达和其他的装置来反馈、影响环境，设计制作不同种类的电子项目原型，应用非常广泛。

（2）作用

使用 Arduino 开源硬件、软件平台，能帮助数以万计的开发者做很多设计、创新和控制。（如图 1.1、图 1.2）

图 1.1

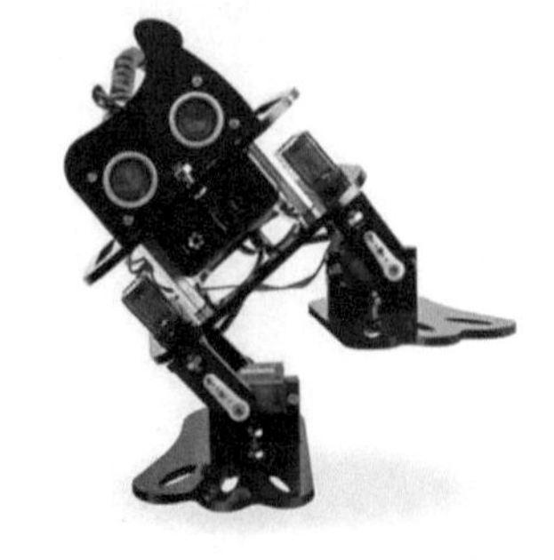

图 1.2

（3）常用主板型号

Arduino 主板型号众多，目前常用的有以下几种：Arduino UNO R3（如图 1.3）、Arduino Nano （如图 1.4）、Arduino Leonardo（图 1.5）等。

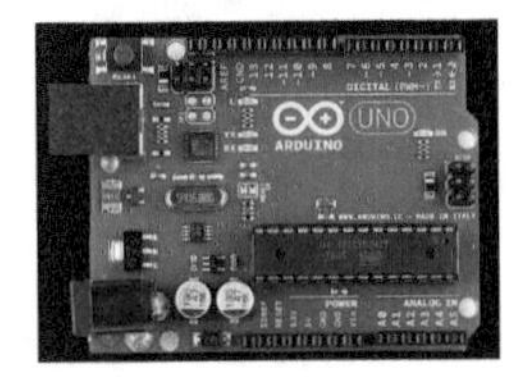

图 1.3

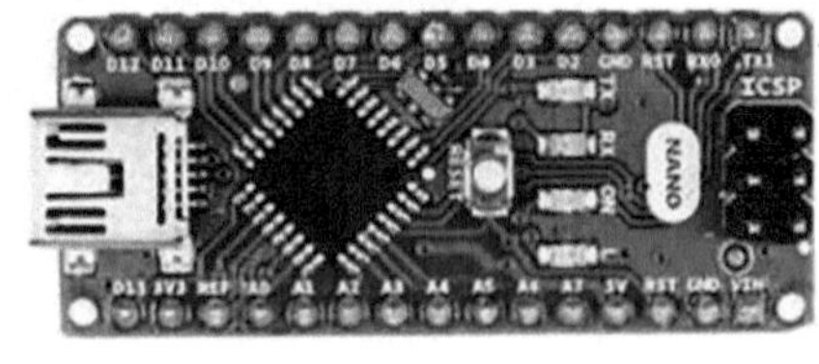

图 1.4

图 1.5

2. 认识 Arduino UNO R3 主板上的接口

Arduino UNO R3 主板上包含各种接口、芯片、插针、LED，市面上也有很多相应的扩展板等。那这些元素到底有什么功能呢，下面我们来做个简单的了解。（如图 1.6）

（1）Arduino UNO R3 主板上的 Atmel Atmega 328 芯片

这个芯片是整个 Arduino UNO R3 主板上最核心的元件。它相当于一块微处理器，不仅能处理数据，还能存储数据。主板上所有其他的电子元件都是围绕这块微控制器运行的。（如图 1.7）

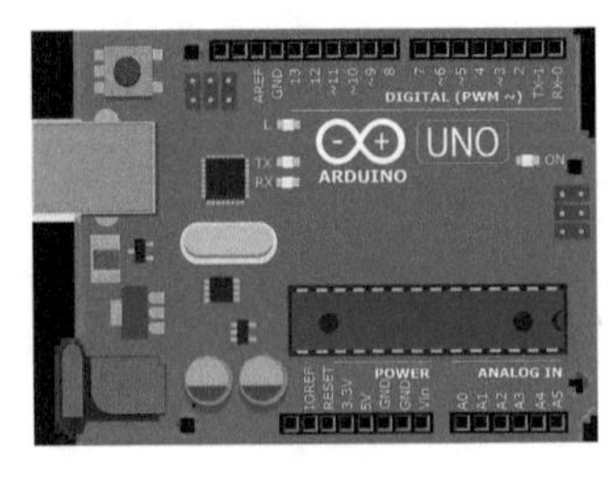

图 1.6

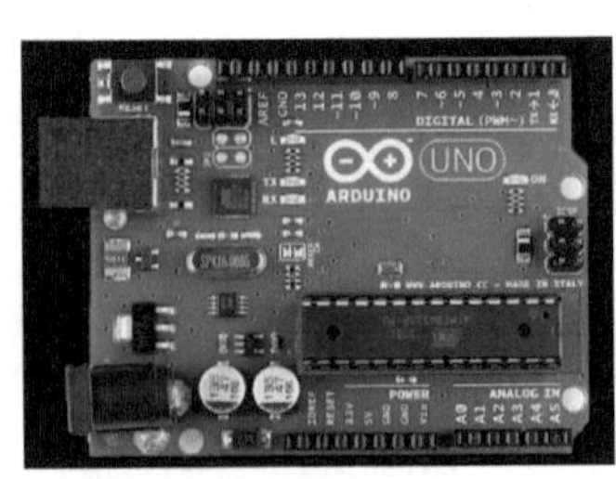

图 1.7

（2）Arduino UNO R3 主板上的 USB 接口

使用USB接口能对主板进行供电，可以连接电脑与Arduino主板进行通信，也可以将电脑程序下载到主板上。（如图 1.8、图 1.9）

图 1.8

图 1.9

（3）Arduino UNO R3 主板上的直流电源接口

使用直流电源接口是 Arduino UNO R3 主板的另一种供电方式。它的供电范围在 7~21V。当程序已经编写、调试完成且不需要反复下载时，或者制作了一个移动的设备、连接电脑供电不方便时，就可以使用直流电源接口。（如图 1.10、图 1.11）

它可以采用以下几种方式进行供电：①干电池串联方式，可使用 5 节干电池串联供电；②锂电池串联的方式，可使用 2 节 3.7 V 的锂电池串联供电；③也可以使用电源适配器进行供电。

图 1.10

图 1.11

（4）Arduino UNO R3 主板上输入输出接口

Arduino UNO R3 主板自身没有输入设备和输出设备，但设计了连接输入设备和输出设备的接口。将众多的输入、输出设备与 Arduino UNO R3 主板相连，可以设计出千变万化的应用。

比如可以通过温度传感器，将数据传送给控制器，也可以通过超声波传感器将数据传送给控制器。同样 Arduino UNO R3 主板也可以利用处理后的数据来控制 LED 灯、马达、舵机、蜂鸣器等设备。（如图 1.12）

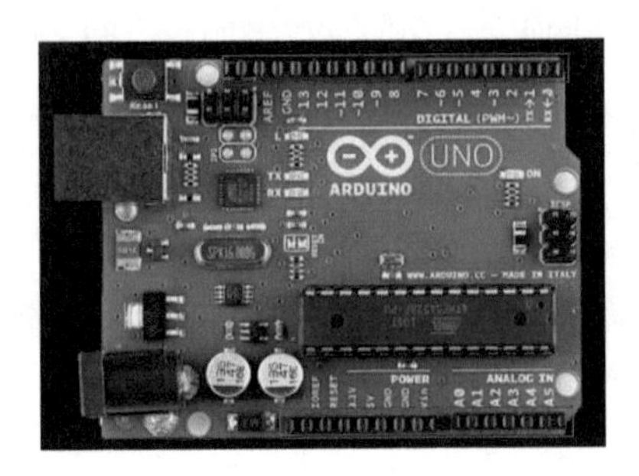

图 1.12

（5）Arduino UNO R3 主板上的数字信号接口

数字信号在计算机程序中，大小常用有限位的二进制表示。通俗来讲，数字信号只有两种状态：“0”或“1”、高或低、真或假。例如：开关电灯，要么是开灯，要么是关灯。总之，数字信号只有两种状态。

Arduino UNO R3 主板上的数字信号接口：主板上部分 0 到 13 号接口，共 14 个数字信号接口。0 号口和 1 号口主要用于串口通信，一般我们不去占用，2 号口到 13 号口是我们可随意使用的数字信号接口。（如图 1.13）

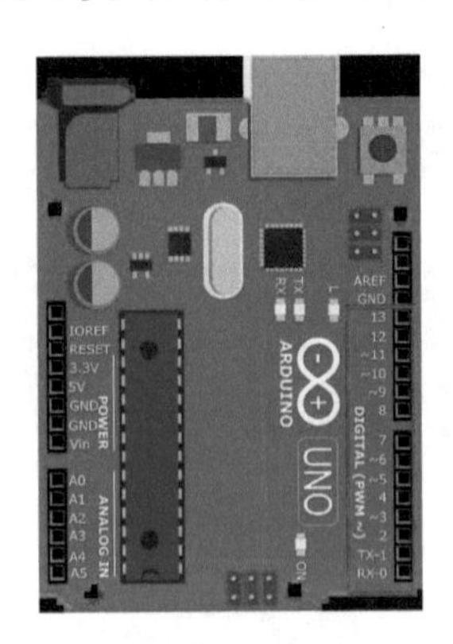

图 1.13

（6）Arduino UNO R3 主板上模拟信号接口

模拟信号，是指用连续变化的物理量表示的信息。简单来讲，数字信号只有“0”和“1”两种状态，而模拟信号可以是任意数值状态。例如：一天中温度的变化，不仅只有两种状态，而是呈连续变化。

Arduino UNO R3 主板上的模拟信号接口：主板下部分 A0 到 A5，共 6 个模拟信号接口。（如图 1.14）

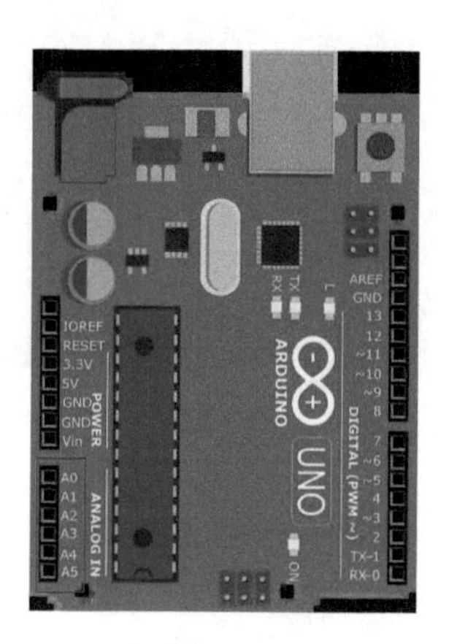

图 1.14

（7）Arduino UNO R3 主板上其他接口

① Vin 接口：用于外部电源输入（6~20V）。② GND 接口：电源负极。③ 5V 接口：对外提供一个 5V 的电源。④ 3.3V 接口：对外提供一个 3.3V 的电源。⑤ RESET 接口：让系统复位，一切回到初始状态。（如图 1.15）

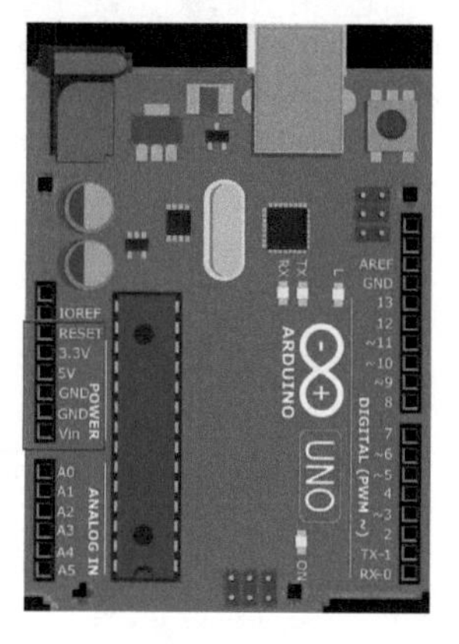

图 1.15

（8）Arduino UNO R3 主板上电源指示灯

接通电源后指示灯是否亮起，可以判断 Arduino UNO R3 主板是否正常供

电。（如图 1.16）

图 1.16

（9）Arduino UNO R3 主板上板载 LED（如图 1.17）用于验证电路板是否正常工作。

图 1.17

学习技能

2 让板载LED灯闪烁

本环节任务：让板载 LED 灯闪烁。

1. 认识板载 LED 灯

在主板上，有一颗标有“L”字样的 LED 就是板载 LED，它和 13 号接口相连。（如图 1.18）

图 1.18

2. 连接 Arduino UNO R3 主板（如图 1.19）

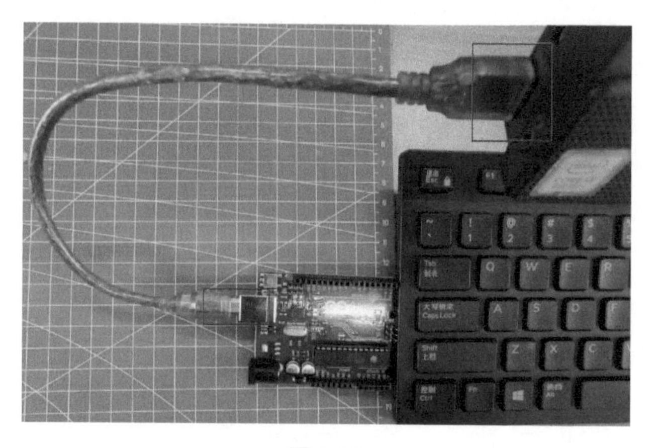

图 1.19

3. 打开 Mind+ 软件（如图 1.20）

图 1.20

4. 编写程序控制板载 LED 灯闪烁

（1）选择“上传模式”。（如图 1.21）

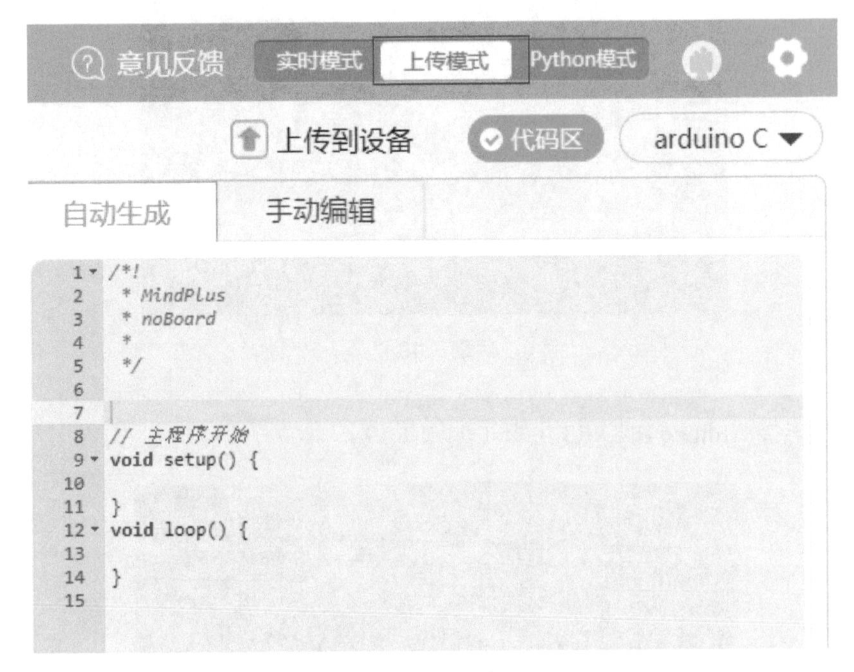

图 1.21

（2）点击软件左下角“扩展”键，选择“Arduino UNO”主控板后点击“返回”。（如图 1.22）

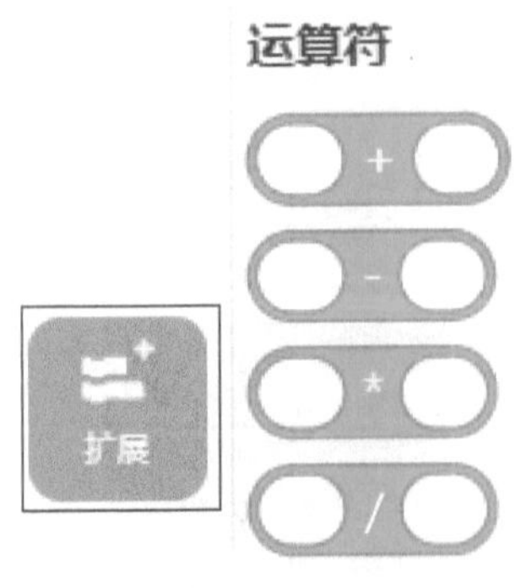

图 1.22

（3）选择“连接设备”。（如图 1.23）

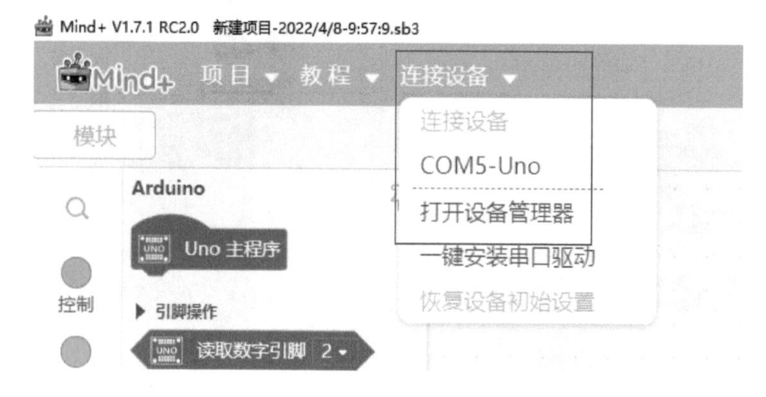

图 1.23

（4）认识 Arduino 主程序。（如图 1.24）

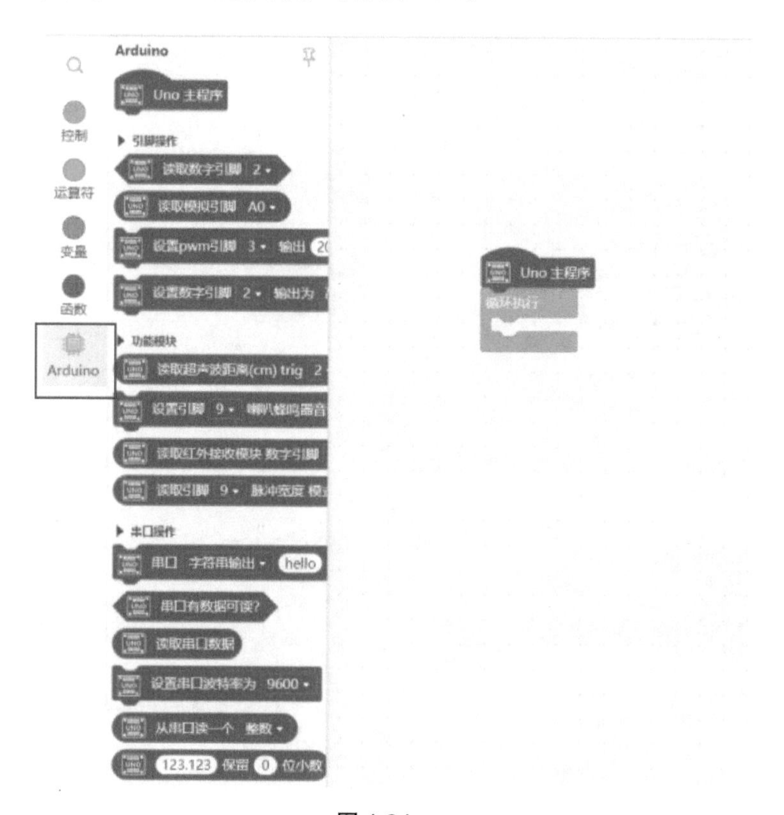

图 1.24

（5）选择并设置数字引脚。（如图 1.25、图 1.26）

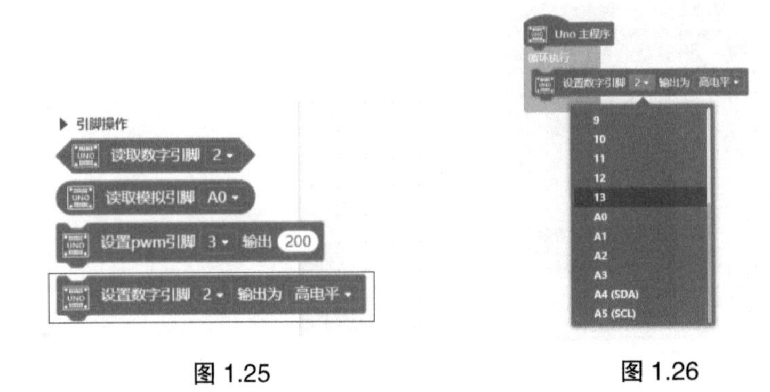

图 1.25　　　　图 1.26

（6）点击“控制”按钮，选择“等待 1 秒”，并拖到主程序。（如图 1.27、图 1.28）

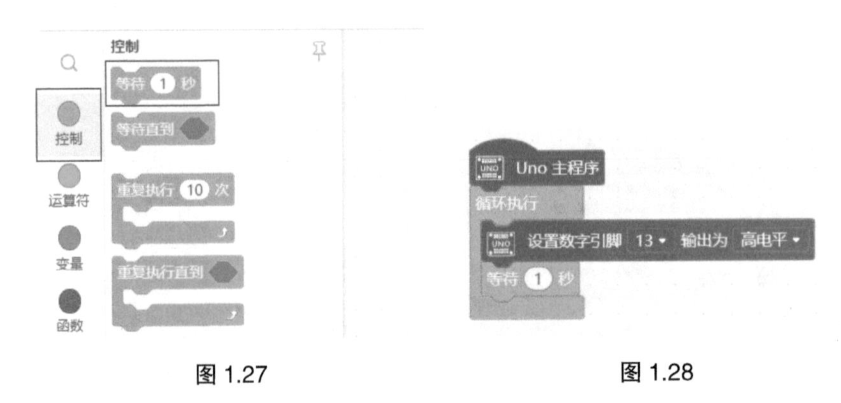

图 1.27　　　　图 1.28

（7）复制并设置 13 号引脚为低电平。（如图 1.29、图 1.30）

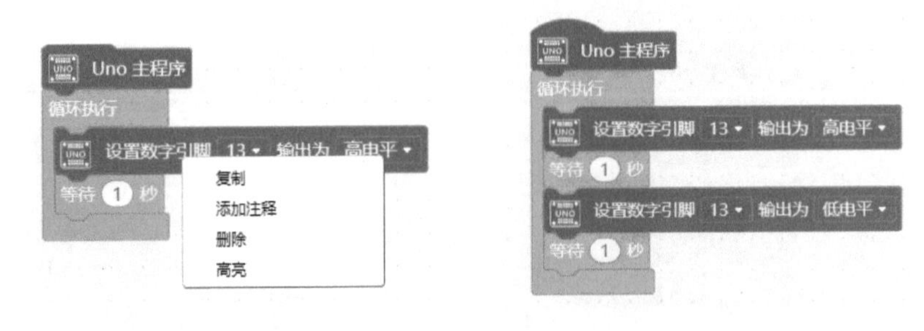

图 1.29　　　　图 1.30

（8）将程序上传到设备。（如图 1.31）

```
/*!
 * MindPlus
 * uno
 *
 */

// 主程序开始
void setup() {

}
void loop() {
  digitalWrite(13, HIGH);
  delay(1000);
  digitalWrite(13, LOW);
  delay(1000);
}
```

图 1.31

挑战任务

你们可以让 LED 灯闪烁得再快一点吗？你是怎么做的，秀出你的程序吧。

学习技能

③ 认识面包板

本环节任务：了解面包板的简单知识。

1. 面包板的定义

学习 Arduino，就是学习电子学，而电子学离不开连接电路。传统电路连接很复杂，线路比较凌乱，有时候还要用到焊锡。焊锡有异味、不健康，孩子们操作时有难度，不够安全（如图 1.32）。后来，人们用切面包的板子当作底座，钉上钉子，将导线缠绕在钉子上连接元器件（如图 1.33），这就是面包板的由来。

图 1.32

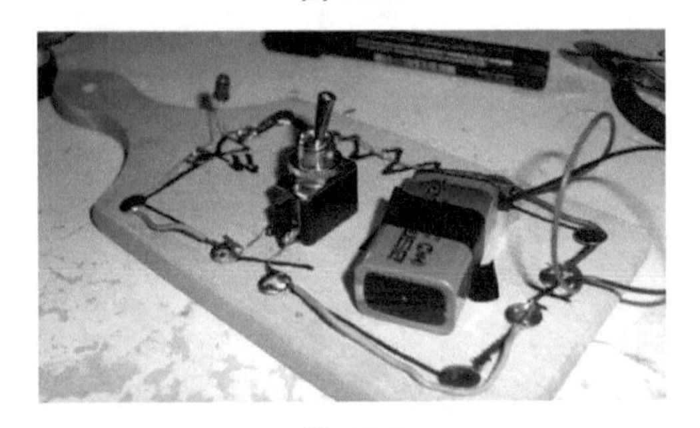

图 1.33

随着时代的进步，面包板成了搭建基础电路原型的试验产品，也成了实验室中用于搭接电路的重要工具。它无需焊接，各种电子元器件可根据需要随意插入或拔出，还可以反复使用，因此非常适合电子电路的组装、调试和训练。（如图 1.34、图 1.35）

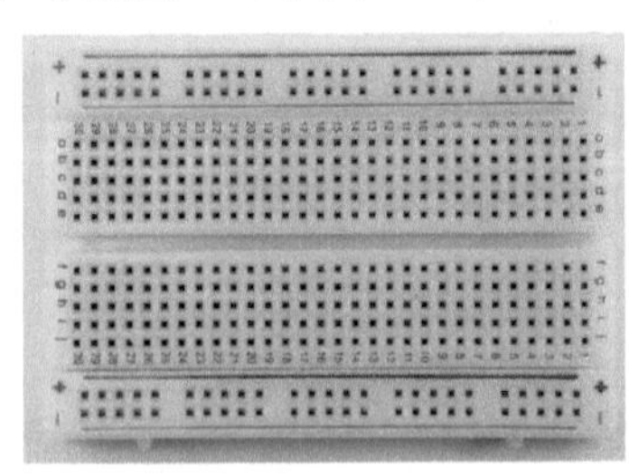

图 1.34

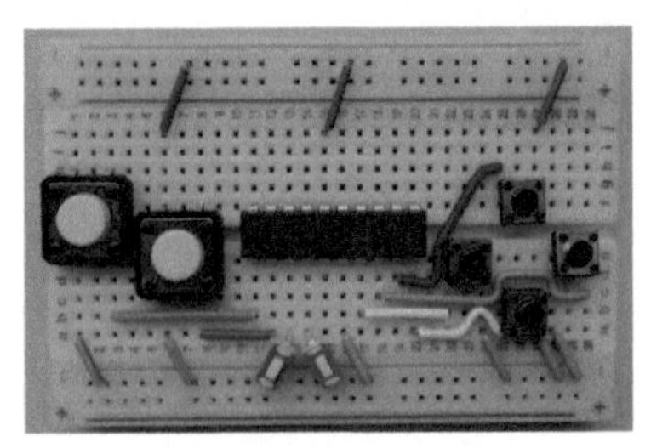

图 1.35

2. 面包板的结构与功能

面包板是一块上面有很多插孔的塑料板，各种电子元件的插头可以直接插到孔里，它的出现使连接电线变得非常简单且有趣。（如图 1.36）

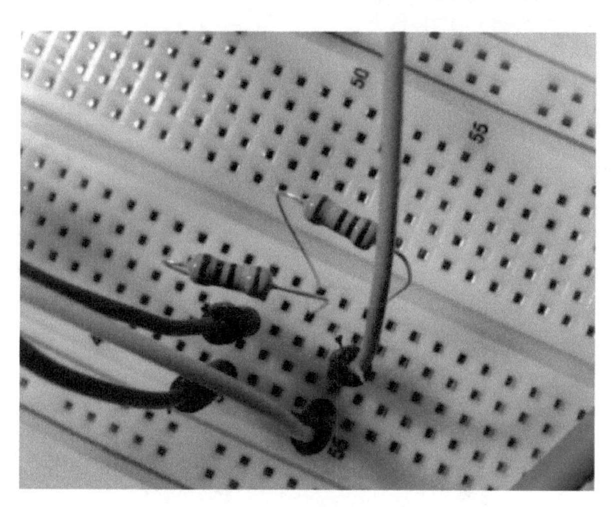

图 1.36

（1）面包板的正面

面包板的正面，分为上、中、下三部分。上、下部分，一般是由一行或者两行插孔构成的窄条。中间部分是由一条隔离凹槽和上下各 5 行的插孔构成的宽条。（如图 1.37、图 1.38）

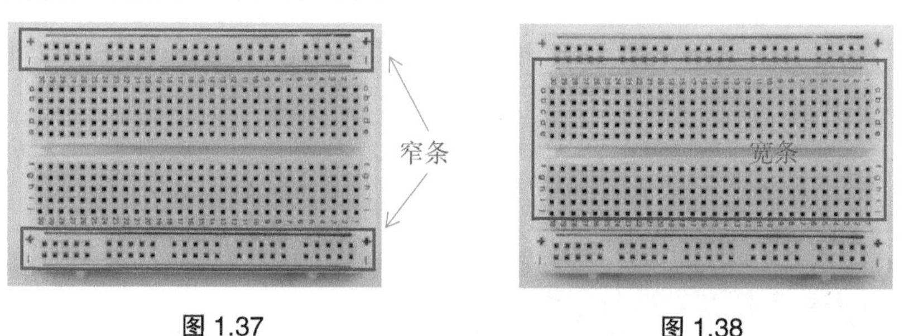

图 1.37　　图 1.38

以这种面包板为例，窄条上方红色一排孔，每 5 个插孔为一组，左右导通。下方蓝色一排孔，也是每 5 个插孔为一组，左右导通。红蓝两排孔纵向不导通。通常我们用蓝线的孔连接地线，用红线的孔连接电源正极。（如图 1.39、图 1.40、图 1.41）

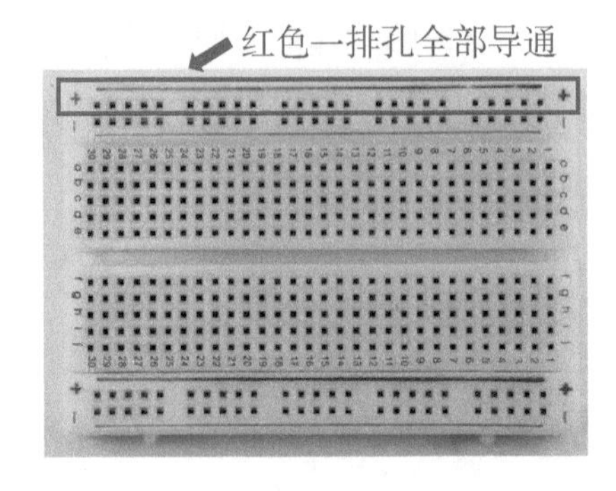

图 1.39

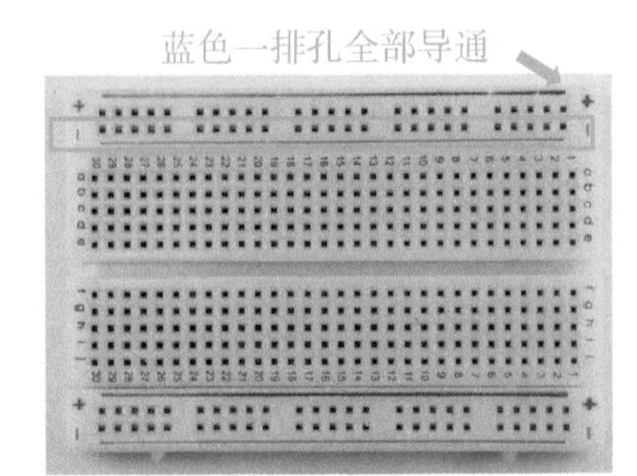

图 1.40

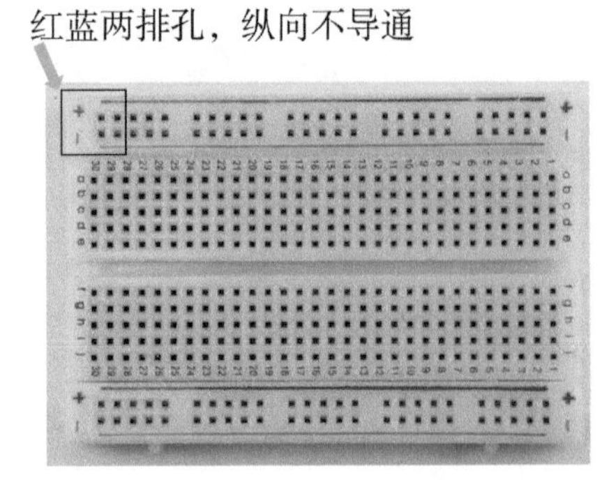

图 1.41

以下图这种面包板为例，宽条上、下部分不导通。宽条上部分，纵向导通，横向不导通。（如图 1.42、图 1.43）

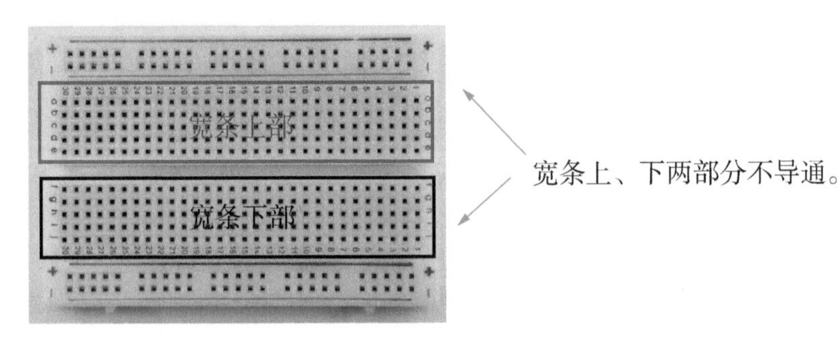

图 1.42

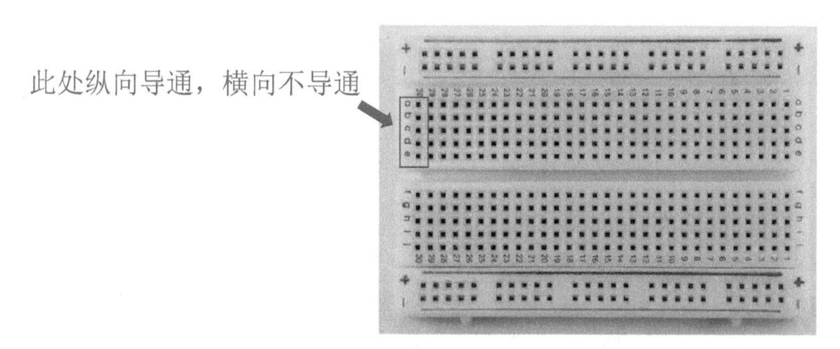

图 1.43

（2）面包板的背面

将面包板的背部粘贴物去掉之后，显露出面包板内存在的一排排金属条。金属条是可导通的，电流可通过金属条上的任何位置。（如图 1.44、图 1.45）

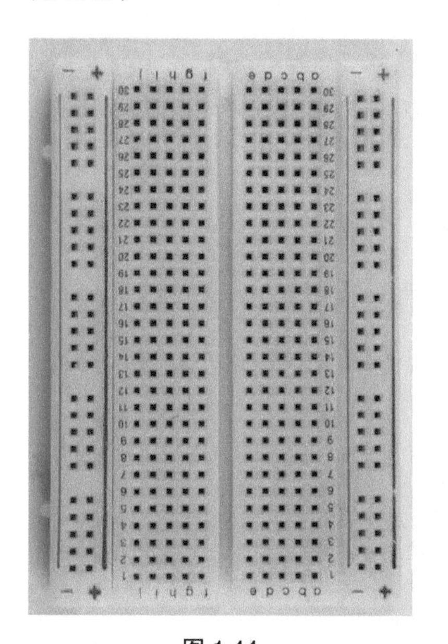

图 1.44

图 1.45

学习技能

4 让一个LED灯闪烁起来

本环节任务：让一个 LED 灯闪烁。

1. 认识 LED

（1）LED：light emitting diode，发光二极管，简称 LED。它是由含镓（Ga）、砷（As）、磷（P）、氮（N）等的化合物制成的，能够将电能直接转换为光能的半导体器件。根据封装方式的不同，分为直插式 LED 与贴片式 LED。（如图 1.46）

直插式

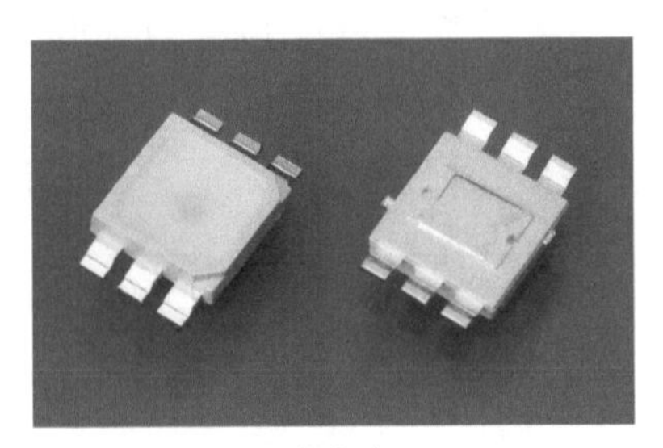

贴片式

图 1.46　LED

（2）特征：LED 由环氧树脂封装，抗震动，灯体内没有松动的部分，不存在灯丝发光易烧、热沉积、光衰等缺点，有体积小、耗电低、发光效率高、响应速度快和使用寿命长等优点。（如图 1.47）

图 1.47　直插式 LED

（3）应用：可以应用于各种电子、电器装置及仪表设备，如交通信号灯、船舶信号灯、航标灯、户外 LED 显示屏、广告牌、胸牌等。（如图 1.48、图 1.49）

图 1.48

图 1.49

（4）电路符号：

（5）LED 的结构（如图 1.50）

LED 有许多外形、尺寸、亮度、颜色选择。它的内部主要由以下结构组成。

①支架：用来导电和支撑。

②银胶：起固定晶片和导电的作用。

③晶片：用于发光的半导体材料。

④金线：连接晶片与支架，并使其能够导通。

⑤环氧树脂（胶）：保护内部结构。

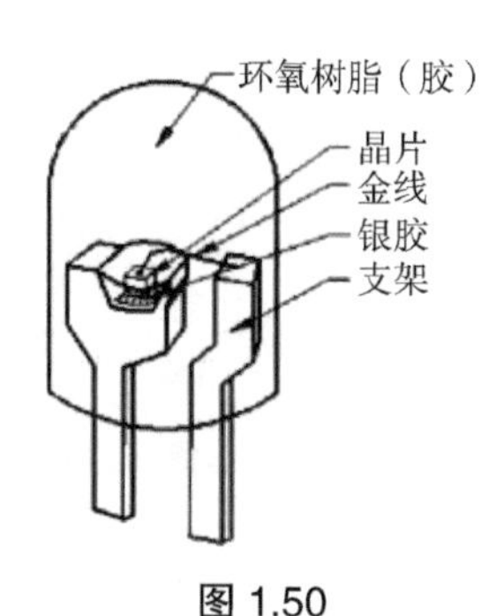

图 1.50

（6）LED 引脚的正负极。LED 有正极和负极之分，以直插式 LED 为例，引脚长的一端是正极，引脚短的一端是负极。另外，还可以通过仔细观察管子内部的电极，来确定正负极，管内大点的是负极，小点的是正极。（如图 1.51）

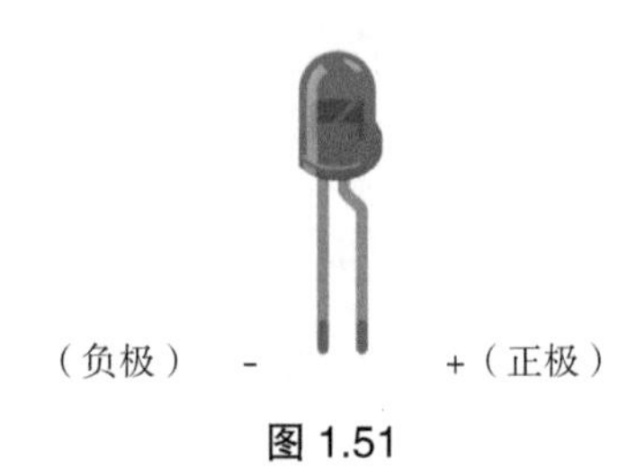

图 1.51

2. 认识电阻

导体对电流的阻碍作用就叫该导体的电阻。电阻器是对电流产生阻碍作用的电子元器件（如图 1.52），是电子电路中最基本、最常用的电子元器件之一。导体的电阻通常用字母 R 表示，电阻的单位是欧姆，简称欧，符号为 Ω。

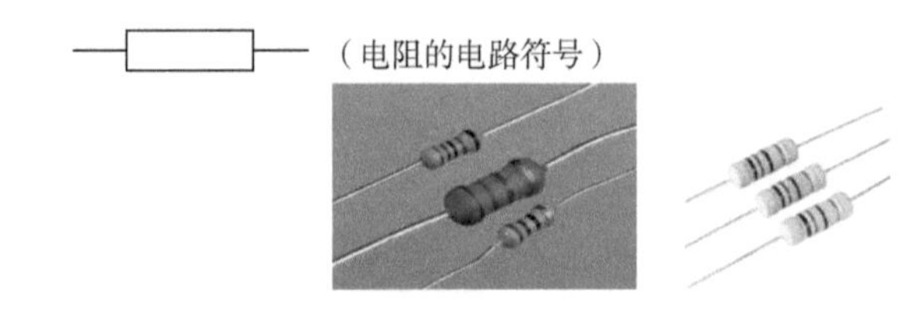

图 1.52　色环电阻

3. 让一盏 LED 亮起来，并闪烁

（1）认识材料：Arduino 主板、面包板、LED、560Ω 电阻、杜邦线

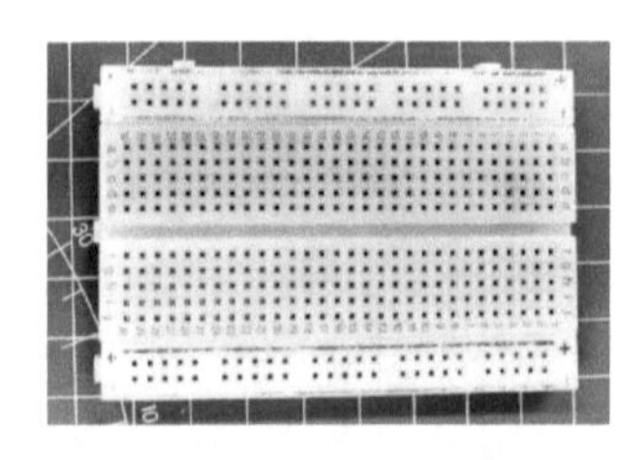

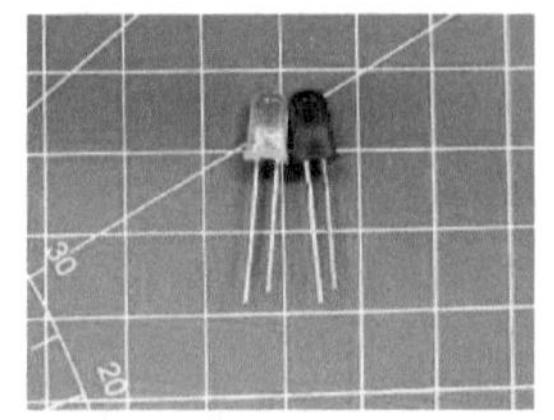

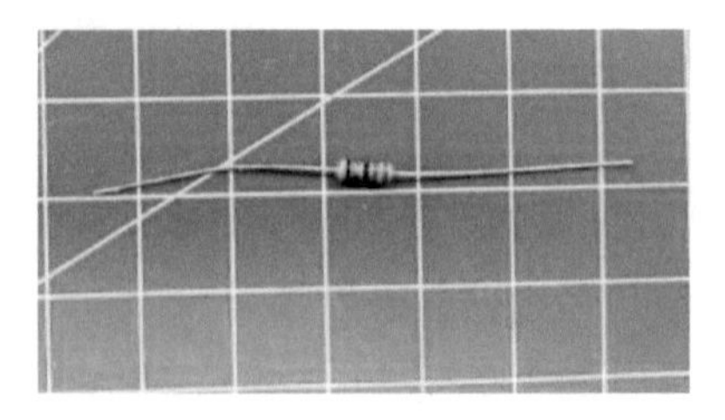

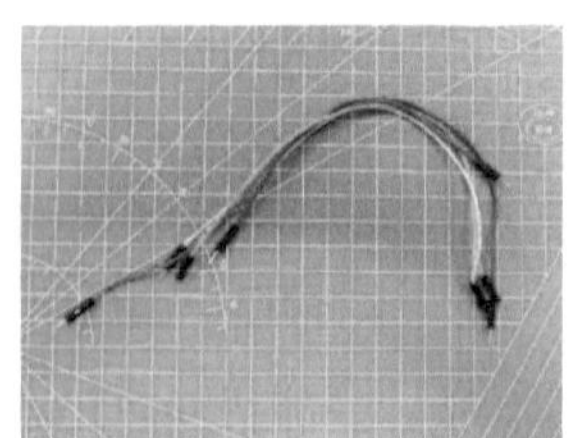

（2）利用软件画出电路图（如图 1.53）

①将 LED 灯插入面包板中，在 LED 负极处接上一个 560Ω 电阻。

② LED 灯的正极接入 2 号数字引脚。

③电阻的一端接入 GND 引脚。

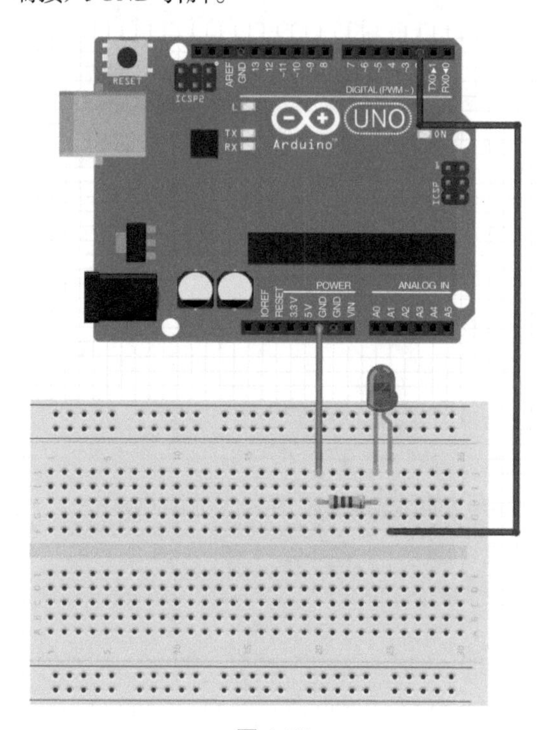

图 1.53

（3）搭建实物图（如图 1.54、图 1.55）

图 1.54

图 1.55

4. 编写程序并上传（如图 1.56）

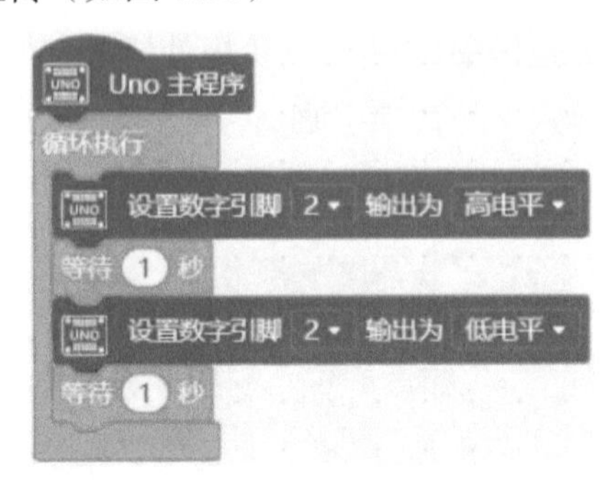

图 1.56

5. 请测试一下程序，成功了吗？

6. 你们还有什么好玩的创意呢，请大胆地秀出来。

学习技能

5 制作LED双闪灯

本环节任务：让两个 LED 灯交替闪烁。

1. 认识材料

Arduino 主板、面包板、杜邦线、LED、560Ω 电阻

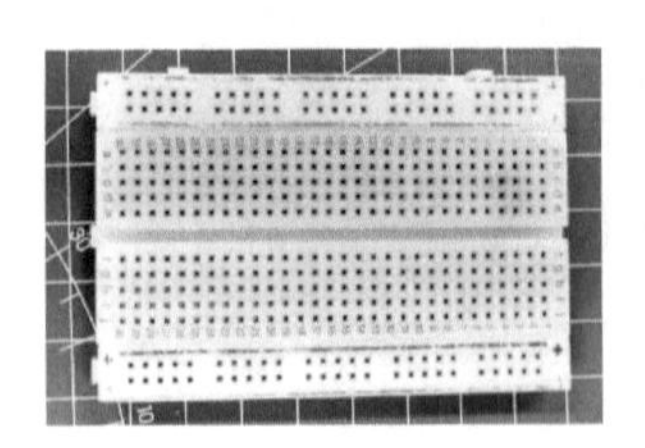
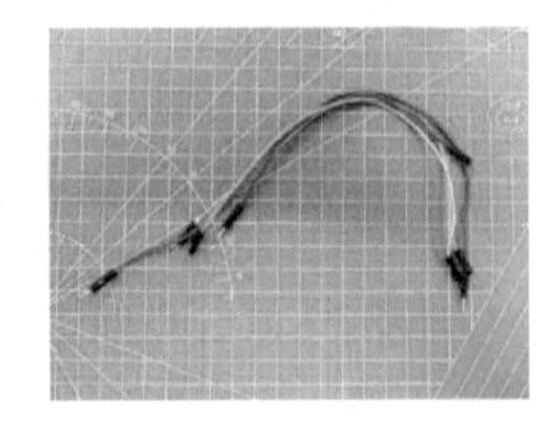

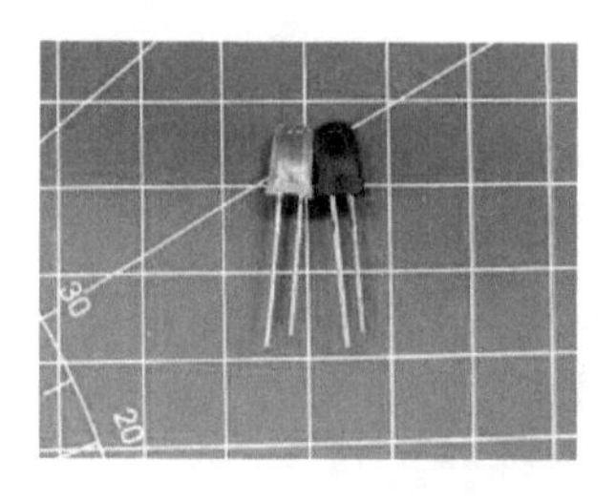

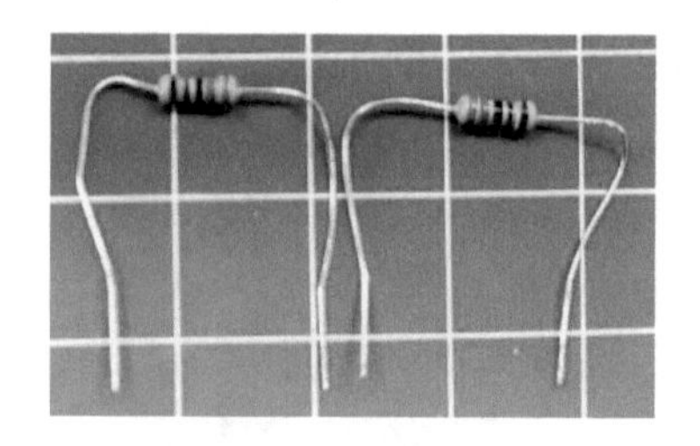

2. 绘制电路图（如图 1.57）

（1）将 2 个 LED 灯插入面包板中，并与 2 个电阻相连接。

（2）将一个 LED 灯的正极接入 2 号数字引脚，另一个 LED 灯的正极接入 13 号数字引脚。

（3）将主板上的 GND 引脚接入面包板蓝色线这一行引脚。

（4）将 2 个电阻分别与 GND 引脚相连。

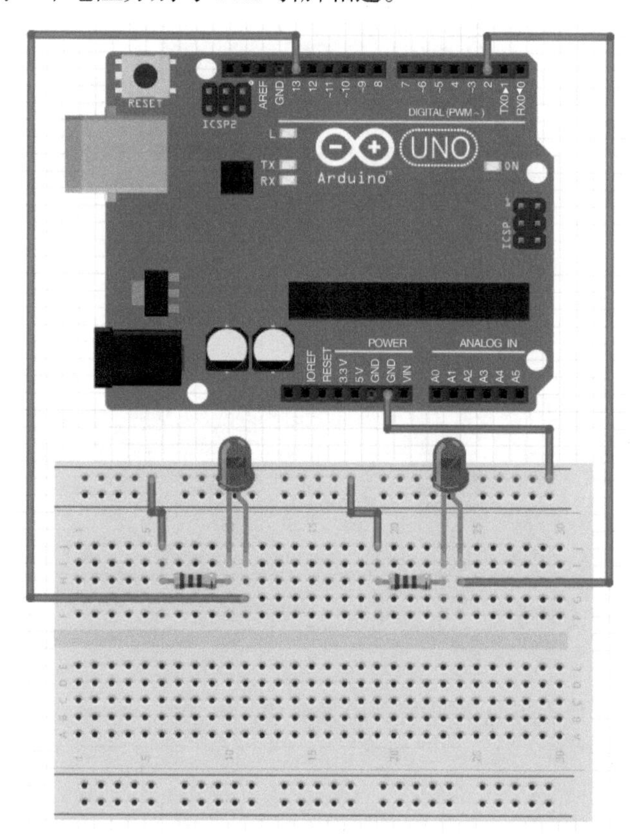

图 1.57

3. 搭建实物图（图 1.58、图 1.59）

图 1.58

图 1.59

4. 编写程序并上传（如图 1.60）

图 1.60

5. 请测试一下程序，成功了吗？你能将它改得更加完美吗？

6. 将双闪灯安装在盒子中，开始正式使用吧。

7. 你们还有什么新奇的点子，请秀出来。

项目二

爱心呼唤器

问题聚焦

科技社团课上，小刚同学提出这样一个问题。很小的时候，自己就和父母分房睡了。有一次，他夜里发烧想喝水，自己起不来，喊父母，可是门关着不管怎么喊父母都没听到，直到第二天父母发现时，自己已经烧得非常严重了。

如果能够帮他制作一个呼唤装置，当他需要父母时，在自己房间按一下按钮，在另一个房间的爸爸妈妈就可以知道，并能第一时间来到身边关心他，这样多好啊。

到底要如何实现呢？让我们来一起探个究竟吧！

明确主题

为了帮他完成这个任务，我们可以尝试利用 Arduino UNO R3 主板、按钮开关、蜂鸣器、fritzing 电路设计软件、Mind+ 图形化编程软件、LASER MAKER 激光切割软件做一个简单的爱心呼唤器吧。

步骤 1：学习 Arduino 中的按钮以及蜂鸣器的使用方法。

步骤 2：将 Arduino 中的按钮以及蜂鸣器与 UNO R3 主板组合实现基本功能。

步骤 3：利用激光切割软件，设计制作两个房间模型。

步骤 4：组装各元件，并测试效果。

认识伙伴

Arduino UNO R3 主板

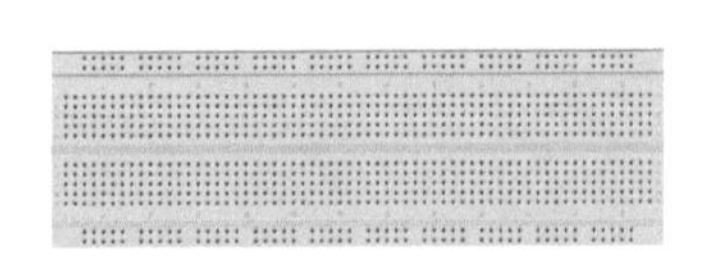

面包板

杜邦线

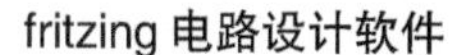
fritzing 电路设计软件

Mind+ 图形化编程软件

LASER MAKER
激光切割软件

按钮开关

3 毫米厚木板

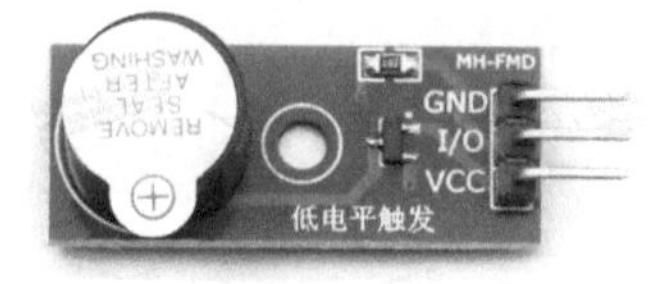

有源蜂鸣器（低电平触发）

学习技能

❶ 认识按钮开关

本环节任务：了解按钮开关的作用与基本用法。

（1）作用

使用按钮开关，可以实现对许多输出设备的控制。（如图 2.1、图 2.2）

图 2.1　按钮开关正面

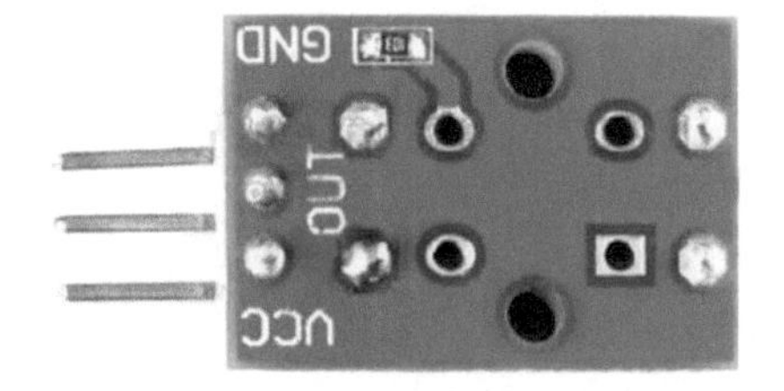

图 2.2　按钮开关背面

（2）按钮开关引脚的连接方法

本项目使用的按钮开关，共有三个引脚，分别是 VCC、GND 和 OUT。VCC 引脚与 UNO 主板上的 +5V 相连，GND 引脚与 UNO 主板上的 GND 相连，OUT 引脚作为信号线与 UNO 主板上的数字引脚相连。（如图 2.3）。

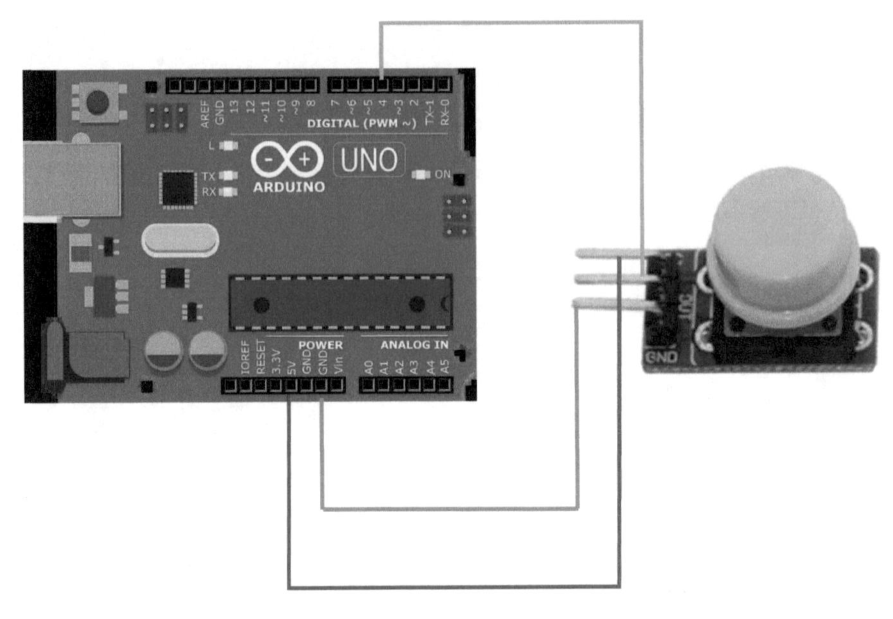

图 2.3

（3）原理

当按钮开关按下时，OUT 与 VCC 接通输出高电平，释放时保持低电平。

学习技能

2 认识蜂鸣器

本环节任务：了解蜂鸣器的构成以及与 UNO 主板的连接方法。

1. 认识蜂鸣器

蜂鸣器是一种一体化结构的电子讯响器，给它一定的信号，它就会发出声响。根据内部是否带有震荡源，一般分为有源蜂鸣器和无源蜂鸣器两种。（如图 2.4、图 2.5）

这里的“源”不是指电源，而是指震荡源。蜂鸣器有的是高电平触发，有的是低电平触发，本项目使用的是低电平触发的有源蜂鸣器。

有源蜂鸣器（低电平触发）

图 2.4

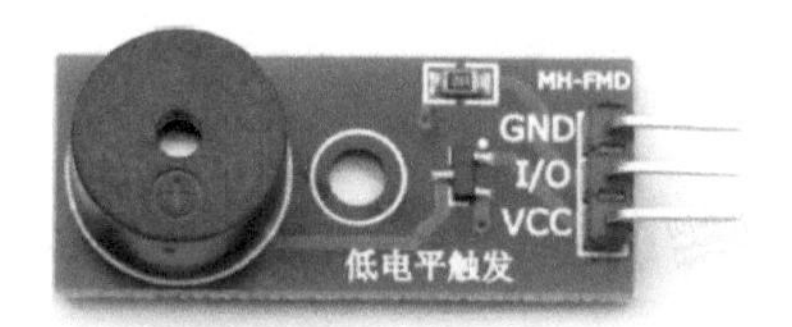

无源蜂鸣器（低电平触发）

图 2.5

2. 有源蜂鸣器（低电平触发）连接方法

本项目使用到的有源蜂鸣器（低电平触发）共有 3 个引脚，其中，VCC 引脚与 UNO 主板上的 +5V 相连，GND 引脚与 UNO 主板上的 GND 相连，I/O 引脚与 UNO 主板上的数字引脚相连。（如图 2.6）

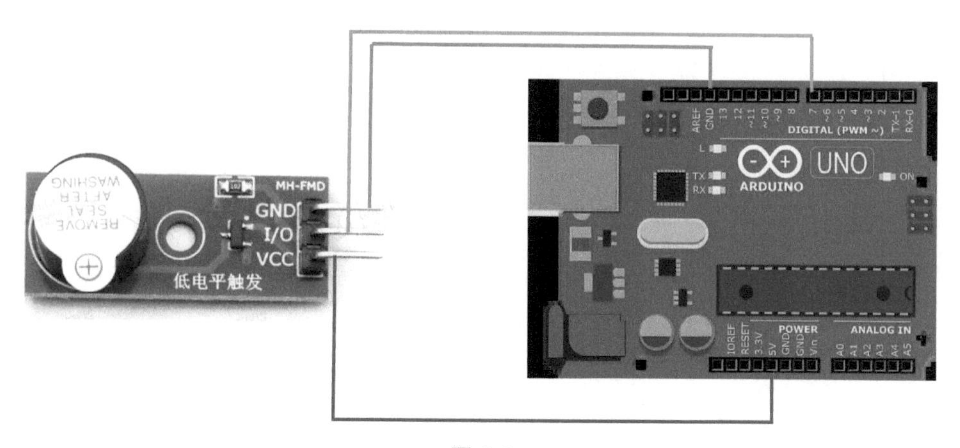

图 2.6

3. 有源蜂鸣器（低电平触发）工作原理

当 I/O 接口输入低电平时，蜂鸣器发声；当 I/O 接口输入高电平时，蜂鸣器不发声。

自主设计

3 设计电路图

本环节任务：设计电路图并进行修改迭代。

1. 出示工程任务：你打算如何利用所学的知识，以及本课提供的材料，帮助小刚同学解决问题呢？

2. 独立设计

请写出你的设计思路，也可以利用 fritzing 软件画出设计图噢。

3. 分享成果

将你的设计想法与组内同学分享，听听他们的建议。

同学们的建议：

4. 修改优化

综合同学们的想法，你是否要对自己的设计进行优化呢？具体可以怎么做？

5. 他山之石

下面这张图，是李小萌同学设计的电路图，对你们有所启发吗？（如图 2.7）

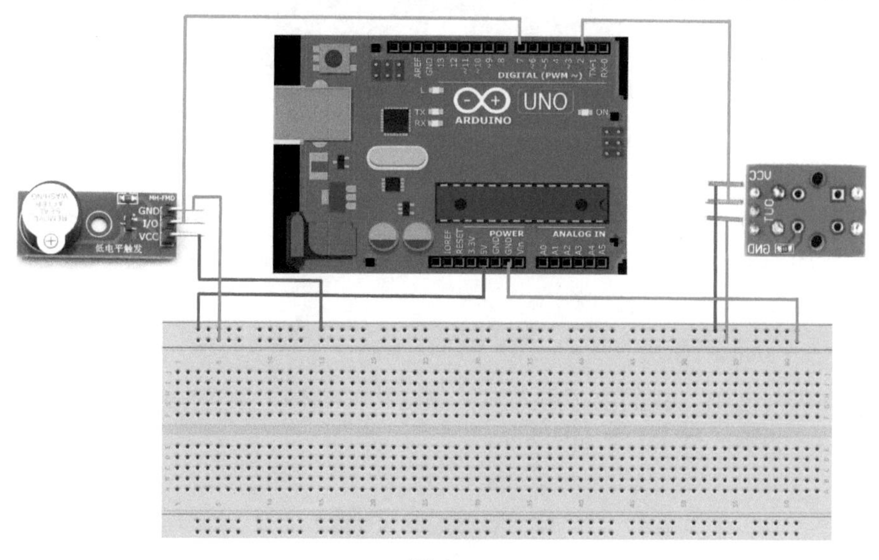

图 2.7

实践探索

4 组装电路并编写程序

本环节任务：组装电路，认识程序模式并编写程序。

1. 按照自己设计的电路图，选择合适的元器件组装电路。

下图是李小萌同学搭建的实物图，按钮接数字引脚 2，蜂鸣器接数字引脚 7，对你们有什么启发吗？（如图 2.8）

图 2.8

2. 编写程序

电路组装好了，下一步，我们来编写程序，达到以下效果：当按钮按下时蜂鸣器发出响声，否则就不响。

（1）认识新模块

在编写之前，我们要了解 Mind+ 软件中“控制”菜单中的“如果〈 〉那么执行，否则”模块。（如图 2.9）

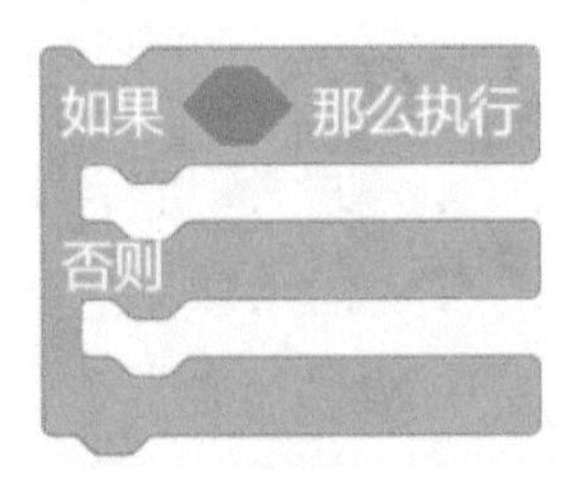

图 2.9

具体而言，如果当事件 A 发生时，那么就会触发事件 B 的发生，否则就会触发事件 C 的发生。我们应该如何使用这个模块，让按钮来控制蜂鸣器发声呢？

（2）分享交流

和同伴分享你的想法，并听听他们的建议。

（3）编写程序

请编写出你们的程序，用按钮来让蜂鸣器发出声音。

（4）测试程序

请测试你们的程序，说说你们的感受。

（5）他山之石

这是李小萌同学编写的程序，对你们有什么启发吗？（如图 2.10）

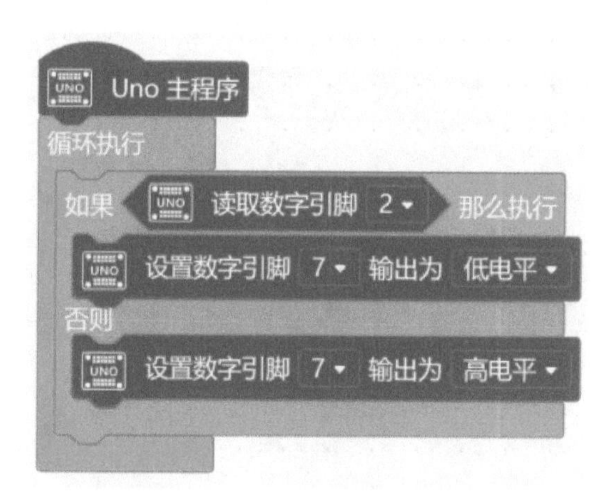

图 2.10

拓展延伸

5 迭代优化

本环节任务：能使用开关更好地控制蜂鸣器发声。

1. 发现问题

同学们，在刚才的测试中，你发现了什么问题，想要如何解决？

2. 学习方法

在刚才的测试中，开关按钮需要一直按着，才能发声，那么如何才能达到以下效果：按钮按一下发声，再按一下停止呢?

（1）明确思路

要想达到这样的效果，需要设置一个变量，且称它为变量 a。用变量 a 来指示蜂鸣器发声和不发声。先设置变量 a=0，当按下按钮时，我们让变量 a+1。这时我们再判断，如果 a 是奇数，那么蜂鸣器发声；如果 a 是偶数，那么蜂鸣器不发声。

（2）认识模块

选择变量模块，将变量名设为 a。（如图 2.11）

图 2.11

同时想要确定一个数的奇偶性，需要用到运算符中“▭除以▭的余数”模块。（如图 2.12）

图 2.12

利用此模块，可以计算出某数除以另一个数的余数值。

判断变量 a 的奇偶性有许多种方法，其中的一种算法是：如果变量 a 除以 2 的余数为 1，那么说明变量 a 是奇数；如果变量 a 除以 2 的余数为 0，那么说明变量 a 是偶数。

（3）编写程序完成以下任务：按一下按钮，蜂鸣器发出声音；再按一下，蜂鸣器停止发声。

（4）这是李小萌同学编写的程序，对你们有启发吗？（如图 2.13）

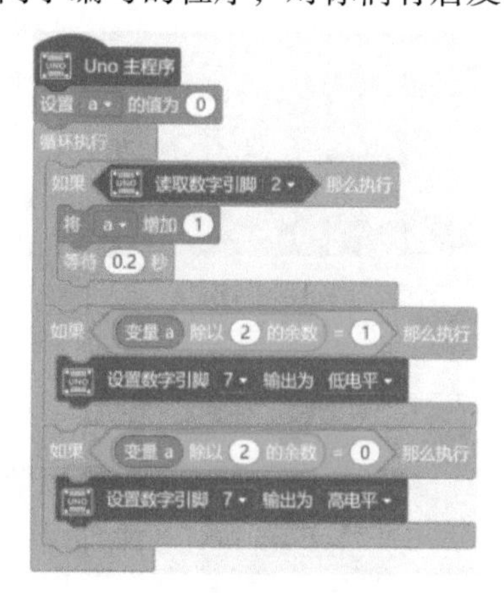

图 2.13

模型测试

6 模型制作并测试

本环节任务：利用激光切割软件设计并制作“爱心呼唤器”模型，将设计好的电路安装其中，测试效果，完善作品。

1. 激光切割软件设计作品（如图 2.14、图 2.15）

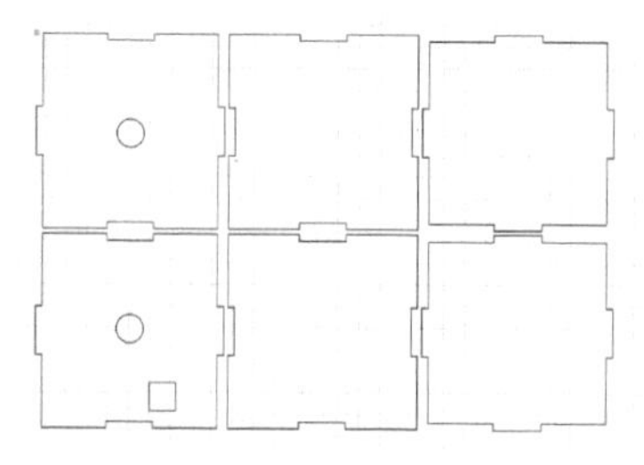

图 2.14　小刚同学房间设计图

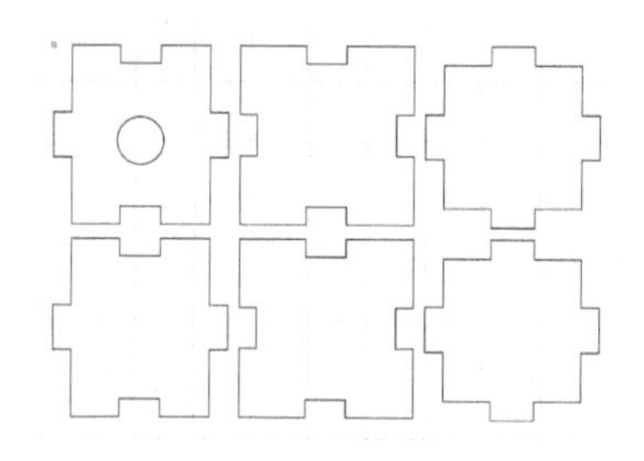

图 2.15　父母房间设计图

2. 激光切割并组装模型（如图 2.16）

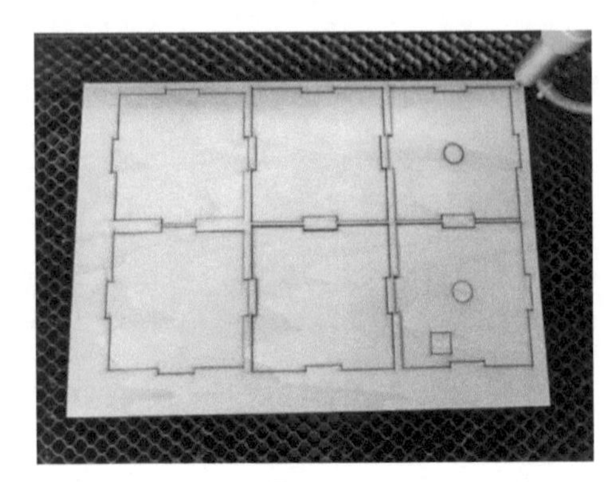

图 2.16

3. 成品展示（如图 2.17）

图 2.17

4. 测试效果

同学们，你们成功完成任务了吗？谈谈你们的收获吧。

项目三

牛奶送达指示器

问题聚焦

STEM 社团课上，小红同学提出这样一个问题。她家门外有个牛奶箱，每天送奶工人都会准时将牛奶放到箱中，父母会在 7 点去拿牛奶，这已经形成了习惯。但最近因为送奶工人调整，送奶的时间飘忽不定，父母总是不能准时拿到牛奶。他们隔一会就要出去看一下牛奶有没有送到，很是烦恼。

如果能够帮父母制作一个牛奶送达指示装置，在家里看到灯亮起，就知道牛奶送达了；灯未亮，就知道还未送达。他们就不用频繁出去查看了，这该多好啊。

到底要如何实现呢？让我们来一起探个究竟吧！

明确主题

为了帮他完成这个任务，我们可以利用 Arduino UNO R3 主板、红外传感器模块、LED、fritzing 电路设计软件、Mind+ 图形化编程软件、LASER MAKER 激光切割软件试着做一个简单的牛奶送达指示装置。

步骤 1：学习 Arduino 中的红外传感器的使用方法。

步骤 2：将 Arduino 中的红外传感器以及 LED 与 UNO R3 主板组合实现基本功能。

步骤 3：利用激光切割软件，设计制作一个牛奶箱模型和房间模型。

步骤 4：组装各元件，并测试效果。

认识伙伴

Arduino UNO R3 主板

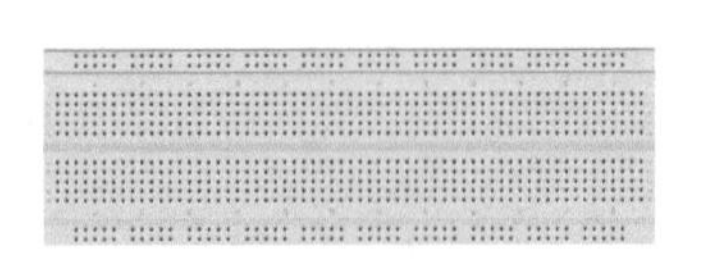
面包板

杜邦线

fritzing 电路设计软件

Mind+ 图形化编程软件

LASER MAKER 激光切割软件

红外传感器模块

3 毫米厚木板

LED

学习技能

1 认识红外传感器

本环节任务：了解红外传感器的作用与基本用法。

1. 红外传感器简介

红外传感器是利用红外线进行数据处理的一种传感器。红外传感器利用红外信号遇到障碍物距离的不同从而反射的强度也不同的原理，进行障碍物远近的检测。红外传感器测量时不与被测物体直接接触，有灵敏度高、反应快等优点。

2. 红外传感器工作原理

本项目使用的红外传感器，具有一对红外线发射与接收管，当发射管发射出一定频率的红外线，在检测方向遇到障碍物（反射面）时，红外线反射回来被接收管接收，经过处理之后，传感器上指示灯亮起。（如图 3.1）

图 3.1

3. 红外传感器的连接方法

本项目使用的红外传感器，共有三个引脚 ，一个是 VCC，一个是 GND，一个是 OUT。（如图 3.2）其中，VCC 引脚与 UNO 主板上的 +5V 相连，GND 引脚与 UNO 主板上的 GND 相连，OUT 引脚作为信号线与 UNO 主板上的数字引脚相连。(如图 3.2)

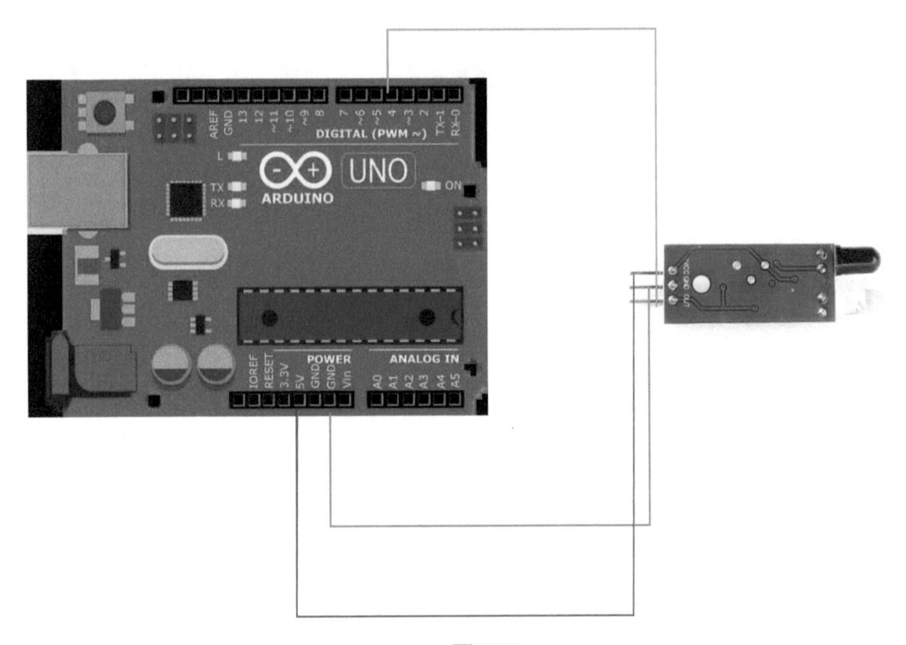

图 3.2

自主设计

2 设计电路图

本环节任务：设计电路图并进行修改迭代。

1. 出示工程任务：你打算如何利用所学的知识，以及本课提供的材料，帮助小红同学解决问题呢?

2. 独立设计

请写出你的设计思路，也可以利用 fritzing 软件画出设计图噢。

3. 分享成果

将你的设计想法与组内同学分享，听听他们的建议。

同学们的建议：

4. 修改优化

综合同学们的想法，你是否要对自己的设计进行修改优化呢？

5. 他山之石

下面这张图，是李小萌同学设计的电路图，对你们有什么启发吗？（如图 3.3）

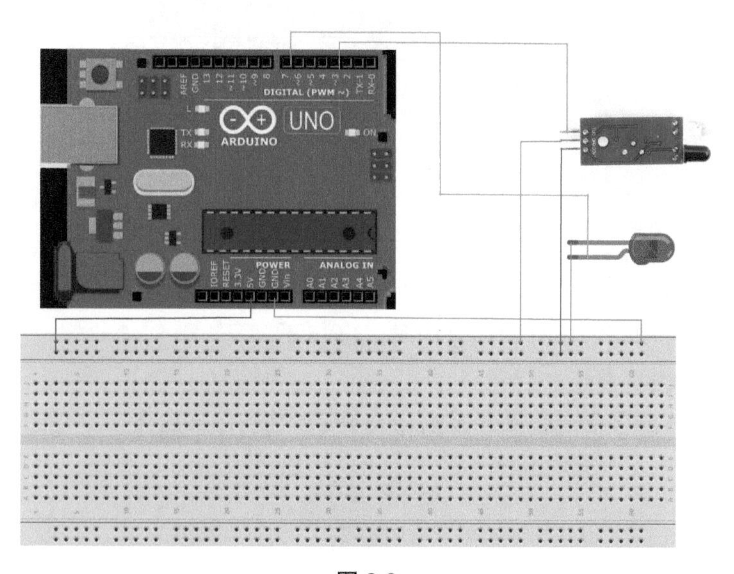

图 3.3

实践探索

③ 组装电路并编写程序

本环节任务：组装电路，认识程序模式并编写程序。

1. 按照自己的设计，选择元器件组装电路。

下面这个电路是李小萌同学搭建的实物图，红外传感器接数字引脚 3，LED 接数字引脚 7，对你们有启发吗？（如图 3.4）

图 3.4

2. 编写程序

电路组装完成，下一步，我们来编写程序以达到以下效果：当有物体遮挡时，LED 自动亮；没有物体遮挡时，LED 不亮。

（1）认识新模块

首先，我们要从运算符菜单中找到“非〈 〉”这个模块。（如图 3.5）

图 3.5

这个模块的意思是，当遇到不是某种情况时，会触发一个事件发生。一般在“如果〈〉那么执行”或者“如果〈〉那么执行，否则”等模块中使用。

其次，如图 3.6 所示编写程序，它代表的意思是，当没有读取到数字引脚 2 的信号时，那么执行指令。

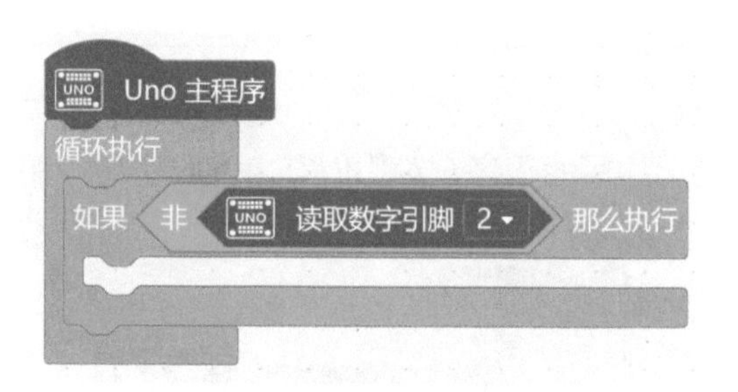

图 3.6

最后，我们如何利用所学知识，让红外（对管避障）传感器来控制 LED 灯亮和灭呢？请写出你的想法。

（2）分享交流

和同伴分享你的想法，并听听他们的建议。

（3）编写程序

请编写你的程序，用红外（对管避障）传感器来控制 LED 灯亮和灭。

（4）测试程序

请测试你们的程序，说说你们的感受。

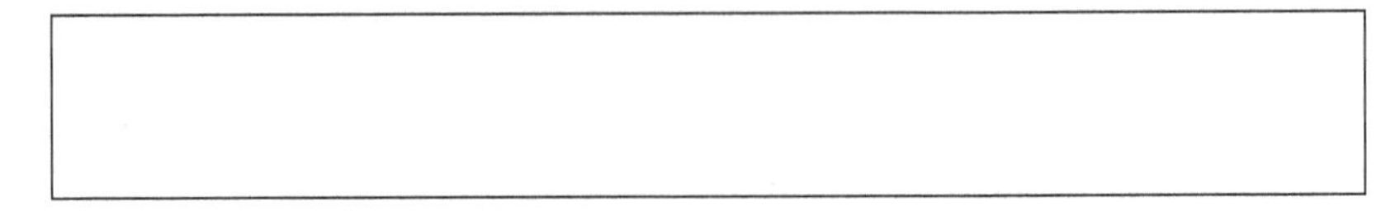

（5）他山之石

这是李小萌同学编写的程序，对你们有启发吗？（如图 3.7）

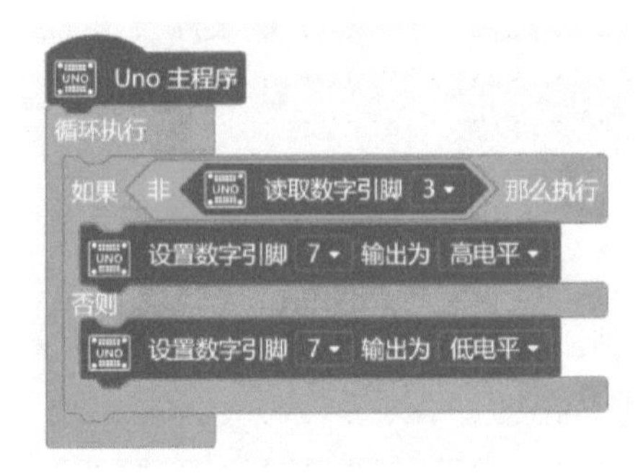

图 3.7

模型测试

4 模型制作并测试

本环节任务：利用激光切割软件设计并制作“牛奶送达指示器”模型，将设计好的电路安装其中，测试效果，完善作品。

1. 激光切割软件设计作品（如图 3.8、图 3.9）

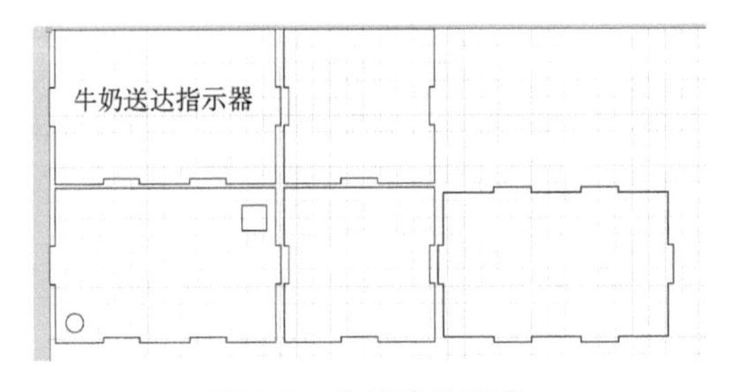

图 3.8　牛奶箱设计图

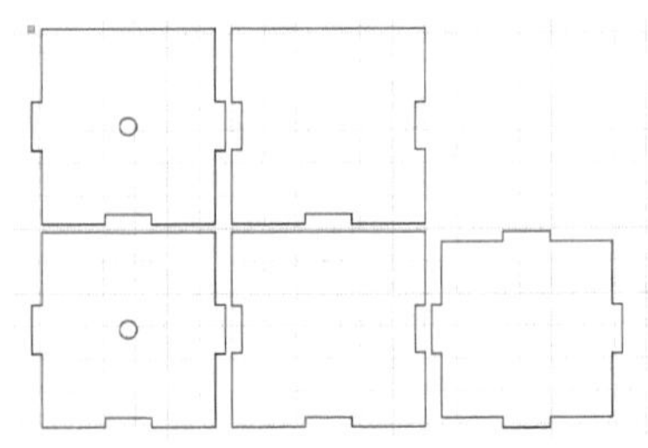

图 3.9　指示灯设计图

2. 激光切割并组装模型（如图 3.10、图 3.11）

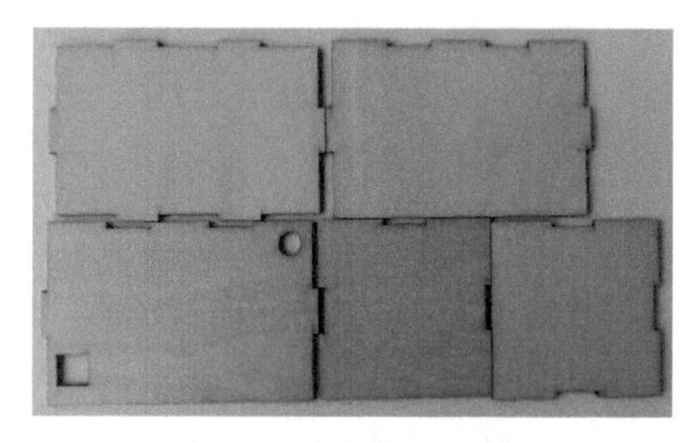

图 3.10 牛奶箱切割实物

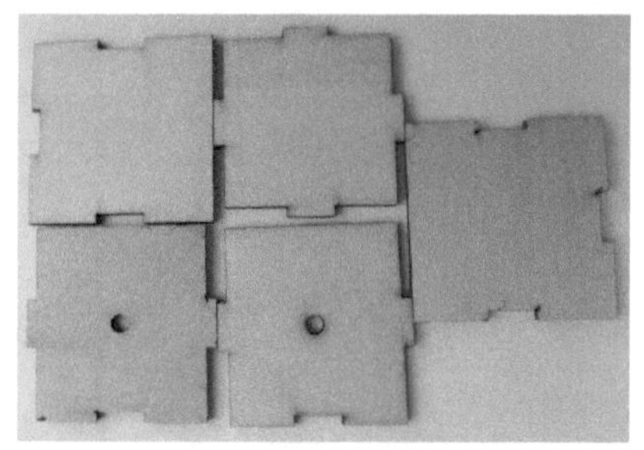

图 3.11 指示灯切割实物

3. 模型内部结构（如图 3.12、图 3.13）

图 3.12 牛奶箱内部电路结构

图 3.13 指示灯房间内部结构

4. 成品展示（如图 3.14、图 3.15）

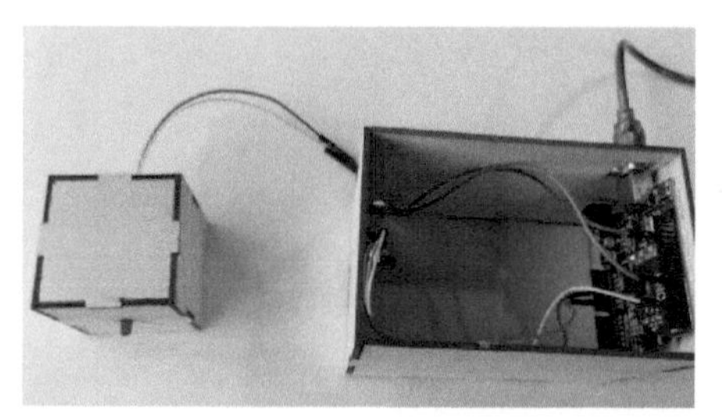

图 3.14 无牛奶时状态

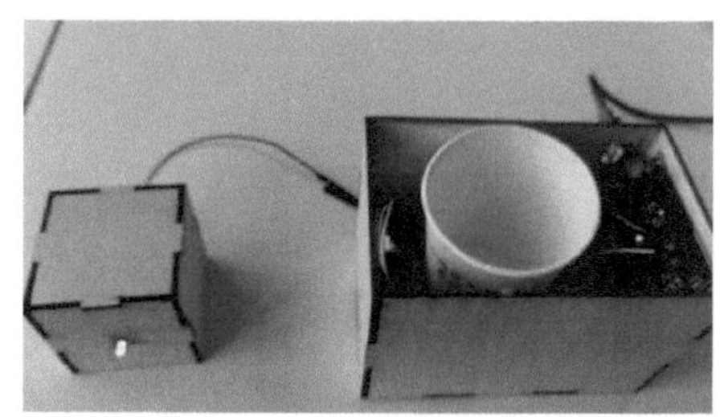

图 3.15 有牛奶时状态

创意无限

5 创意无限

对于这个作品，冬冬提出一个问题：如果把喝完的牛奶瓶放进去，也会看到红色的灯亮，这样就不容易辨别了，应该怎么办呢？小亮提出：如果能让送奶工清楚地辨别出喝完的奶瓶有没有放回到箱子里，该多方便啊……

开动你们的脑筋，帮助他们完成这个任务吧。请写下你们的方案，并将解决的过程记录下来。

通过这个项目的学习与实施，你们还能解决生活中哪些问题？请记录下来。

项目四

自动感应开关垃圾筒

问题聚焦

STEM 社团课上，毛小童同学提出一个困扰他的问题。他们班级的垃圾筒，已经更换 3 个了。第一个垃圾筒上面没有盖子，一旦垃圾超过顶端，就会落到地上，打扫起来非常麻烦。接着老师换了一个带有盖子的垃圾筒，因为总是需要用手打开盖子，大家都觉得有点脏，不想用。后来老师又换了一个带有脚踏功能的垃圾筒，每次同学们都使劲踩，没过多久，脚踏就坏掉了，真是让人烦恼啊。

如果能利用 STEM 社团学习相关知识，帮他们班级制作一个自动感应开关的垃圾筒该多好啊。

到底要如何实现呢？让我们来一起探个究竟吧！

明确主题

为了帮他完成这个任务，我们利用 Arduino UNO R3 主板、超声波传感器（型号 HC-SR04）、舵机（型号 SG90）、fritzing 电路设计软件、Mind+ 图形化编程软件、LASER MAKER 激光切割软件做一个简单的自动感应开关垃圾筒吧。

步骤 1：学习超声波传感器（HC-SR04）和舵机（SG90）的使用方法。

步骤 2：将超声波传感器（HC-SR04）、舵机（SG90）与 UNO R3 主板组合实现基本功能。

步骤 3：利用激光切割软件，设计制作一个垃圾筒模型。

步骤 4：组装各元件，并测试效果。

认识伙伴

Arduino UNO R3 主板

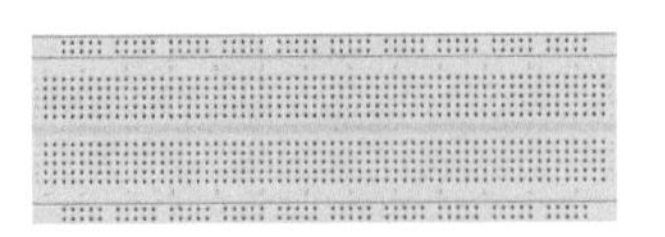

面包板

杜邦线

fritzing 电路设计软件　　Mind+ 图形化编程软件　　LASER MAKER 激光切割软件

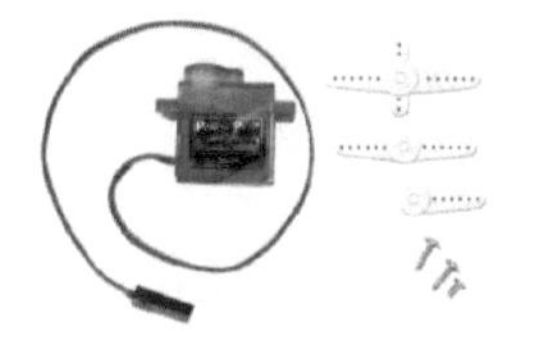

超声波传感器(HC-SR04)　　舵机（SG90）　　3 毫米厚木板

学习技能

❶ 认识超声波传感器（HC-SR04）

本环节任务：了解超声波传感器（HC-SR04）的基本原理及用法。

1. 超声波传感器（HC-SR04）简介

超声波传感器是将超声波信号转换成其他能量信号（通常是电信号）的传感器。超声波传感器上面通常有两个超声波元器件，一个用于发射，一个用于接收。

本项目使用的超声波传感器的型号为 HC-SR04，它的感应距离为 2~400 cm，感测角度不小于 15 度。这个微小的传感器能够测量自身和最近的固定物品之间的距离。（如图 4.1）

图 4.1

2. 超声波传感器（HC-SR04）工作原理

传感器发出超声波，接触到被检测物质，声波部分反射回传感器的接收器，从而使传感器检测到被测物。（如图 4.2）

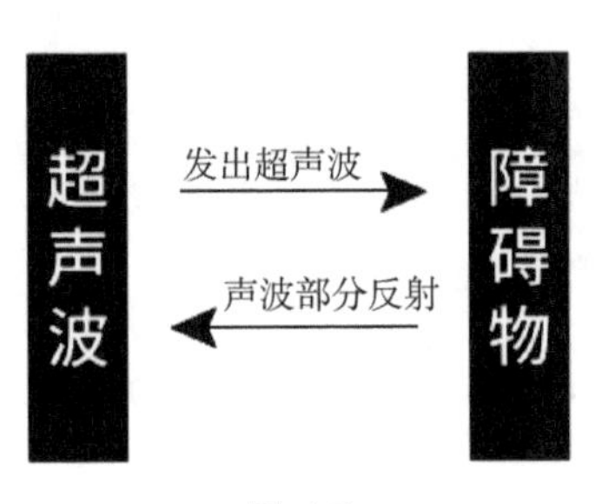

图 4.2

3. 超声波传感器（HC-SR04）的连接方法

超声波传感器（HC-SR04）电路板上有四个引脚：VCC、GND、Trig（触发）、Echo（回应）。其中：VCC 引脚接 +5V；GND 引脚接 GND；Trig（触发）引脚，驱动该引脚发送超声波脉冲，与主板上的数字引脚相连；Echo（回应）引脚，当接收到反射信号时产生脉冲的引脚，与主板上的数字引脚相连。（如图 4.3）

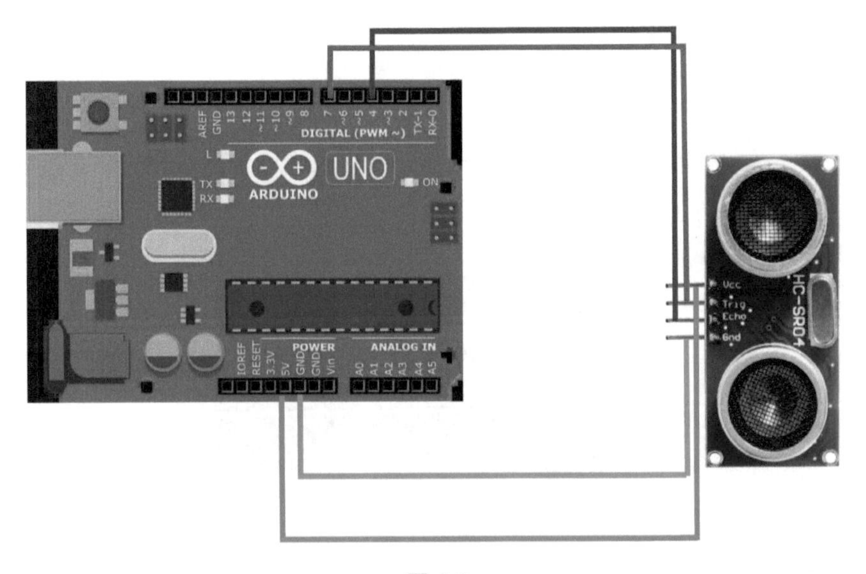

图 4.3

学习技能

2 认识舵机（SG90）

本环节任务：了解舵机（SG90）的基本原理及用法。

1. 舵机（SG90）简介

舵机是一种位置（角度）伺服的驱动器，适用于那些需要角度不断变化并可以保持的控制系统。目前，在高档遥控玩具、升降杆、人形机器人的手臂和腿、车模和航模中已经得到了普遍应用。

舵机主要是由外壳、电路板、驱动马达、减速器与位置检测元件所构成。

本项目使用的舵机型号为 SG90，它的配件通常包含一个能把舵机固定到基座上的支架以及可以套在驱动轴上的舵盘，通过舵盘上的孔可以连接其他物体构成传动模型。（如图 4.4）

图 4.4

2. 舵机（SG90）工作原理

其工作原理是控制电路板接收来自信号线相应的 PWM 控制信号，进而控制电机转动，电机带动一系列齿轮组，减速后传动至输出舵盘。舵机的输出轴和位置反馈电位计是相连的，舵盘转动的同时，带动位置反馈电位计输出一个电压信号到控制电路板，进行反馈，然后控制电路板根据所在位置决定电机转动的方向和速度，达到目标时舵机停止。舵机（SG90）旋转的角度范围是 0 度到 180 度。

3. 舵机（SG90）与 UNO 主板的连接方法

舵机（SG90）共有三种颜色的线。其中，红色线与 UNO 主板的 +5V 相连，棕色线与 UNO 主板的 GND 相连，橙色线即信号线一般与 UNO 主板上的数字

引脚相连（Arduino UNO R3 主板上带波浪线的接口）。（如图 4.5）

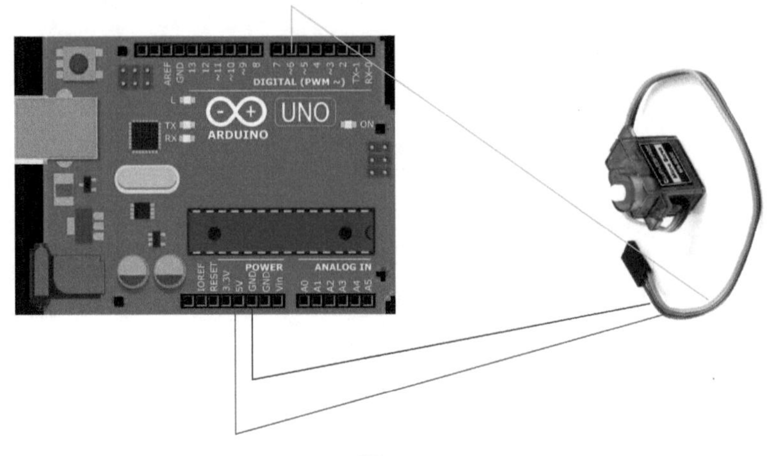

图 4.5

自主设计

3 设计电路图

本环节任务：设计电路图并进行修改迭代。

1. 出示工程任务：你打算如何利用所学的知识，以及本课提供的材料，帮助毛小童同学解决问题，做个自动感应开关的垃圾筒呢？

2. 独立设计

请写出你的设计思路，也可以利用 fritzing 软件画出设计图噢。

3. 分享成果

将你的设计想法与组内同学分享，听听他们的建议。

同学们的建议：

4. 修改优化

综合同学们的想法，你是否要对自己的设计进行修改优化呢？

5. 他山之石

下面这张图，是李小萌同学利用 fritzing 软件设计的电路图，对你们有所启发吗？（如图 4.6）

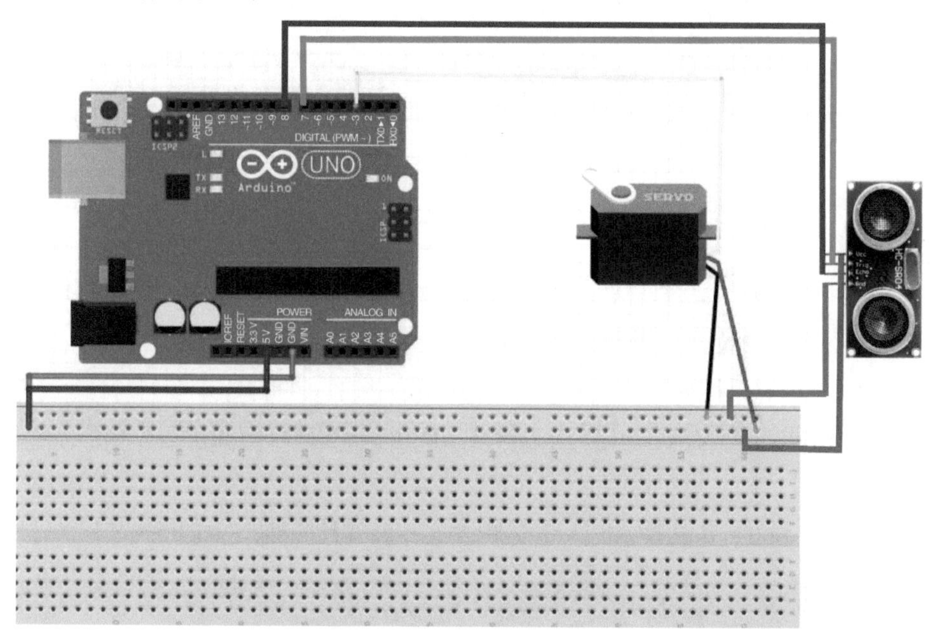

图 4.6

实践探索

4 组装电路并编写程序

本环节任务：组装实物电路并编写控制程序。

1. 按照自己设计的电路图，选择元器件组装电路。

下面这个电路是李小萌同学搭建的实物图，超声波传感器的 Trig 接 7 号数字引脚，Echo 接 8 号数字引脚，舵机接 11 号 数字引脚，对你们有启发吗？（如图 4.7）

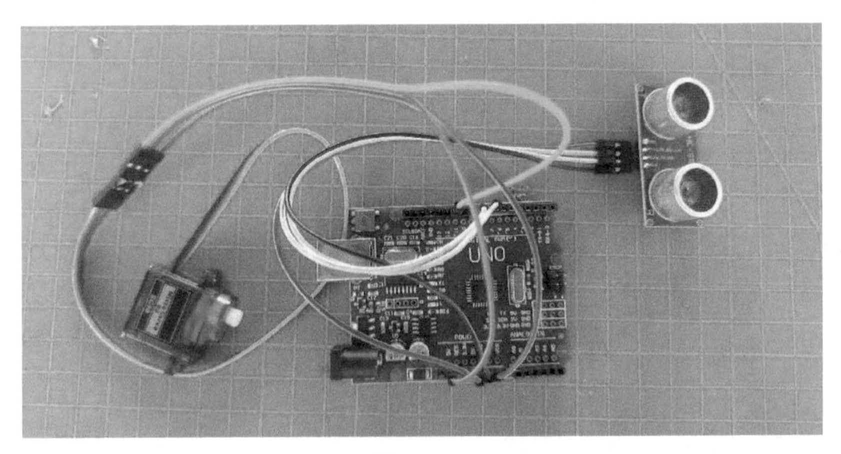

图 4.7

2. 编写程序

电路组装好了，下一步，我们来编写程序，达到以下效果：当有物体靠近时，舵机自动转动；当没有物体靠近时，舵机归位。

（1）认识新模块

首先，我们要从 Arduino 模式中找到功能模块中的“读取超声波距离”模块。（如图 4.8）

接着，设置 Trig 引脚和 Echo 引脚为实际连接的引脚。（如图 4.9）

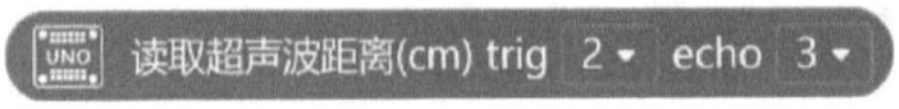

UNO 读取超声波距离(cm) trig 2 ▾ echo 3 ▾

图 4.8

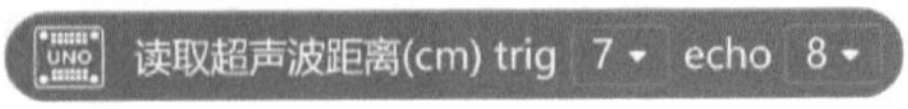

UNO 读取超声波距离(cm) trig 7 ▾ echo 8 ▾

图 4.9

然后，找到串口操作中的“串口字符串输出”模块。这个模式可以实时显示一组字符串数值。（如图 4.10）

图 4.10

如果我们想看看传感器测量的具体数值，可以将程序像这样设置。（如图 4.11）

图 4.11

试着用手在超声波前挡一挡，再变换一下距离，看看串口数值的变化吧。

要想控制舵机（SG90）运动，则需要在扩展模块中，找到舵机模块。（如图 4.12）加载模块后，我们可以从执行器模块中找到控制舵机的模块，并设置正确的引脚。（如图 4.13）

图 4.12

图 4.13

最后，请利用以上所学，开动你们的脑筋，使用超声波传感器来控制舵机的转动吧。请写出你们的想法。

（2）分享交流

和同伴分享你的想法，并听听他们的建议。

（3）编写程序

请编写程序，用超声波传感器来引导舵机的开与关。写出你们的程序。

（4）测试程序

请测试你们的程序，说说你们的感受。

（5）他山之石

这是李小萌同学编写的程序，对你们有什么启发吗？（如图 4.14）

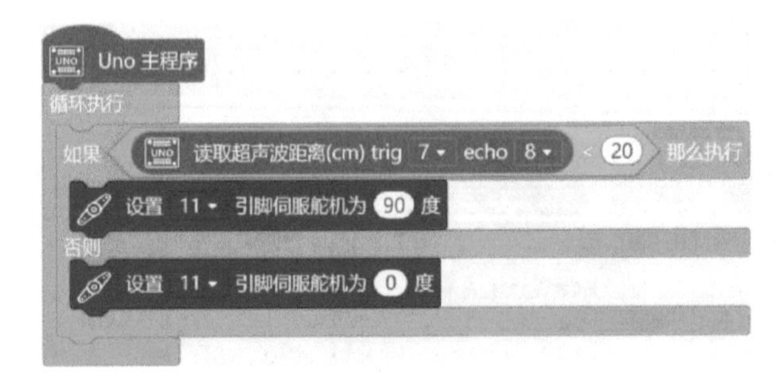

图 4.14

模型测试

5 模型连接并测试

本环节任务：利用激光切割软件设计并制作实物，将设计好的电路进行安装，完成作品。

1. 激光切割软件设计作品（如图 4.15）

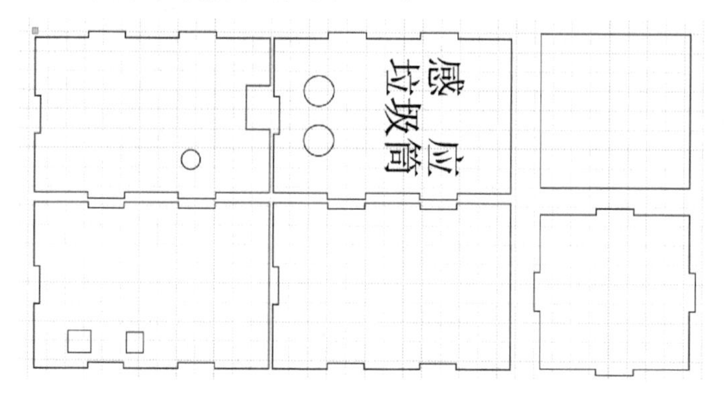

图 4.15　自动感应垃圾筒设计图

2. 激光切割并组装模型（如图 4.16）

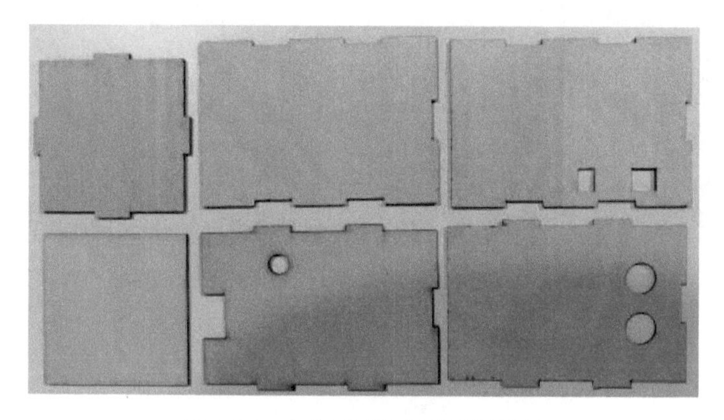

图 4.16　自动感应垃圾筒切割实物

3. 模型内部结构（如图 4.17、图 4.18）

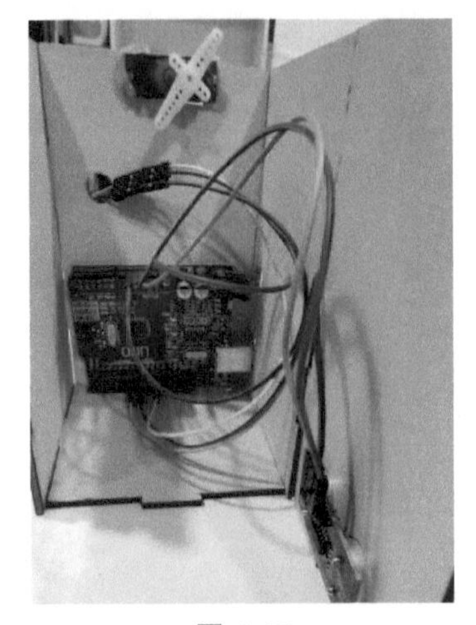

图 4.17

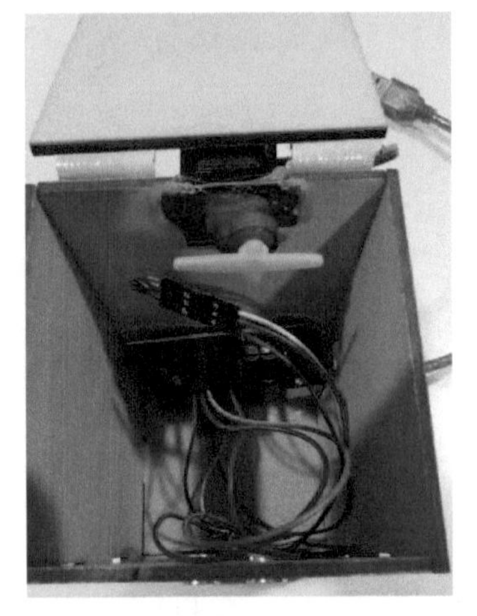

图 4.18

4. 成品展示（如图 4.19、图 4.20）

图 4.19　未靠近垃圾筒时状态

图 4.20　靠近垃圾筒时状态

项目五
护眼感光台灯

问题聚焦

STEM 社团课上，张欣同学提出这样一个问题。她在家里书房写作业时，由于十分专注，经常天黑了都没意识到要打开台灯，导致眼睛很累，现在快近视了，真是让人烦恼啊。

如果能利用 STEM 社团学习相关知识，帮她制作一个“护眼感光台灯”，当房间光线不足时，可以自动打开台灯，那样就可以保护自己的视力了，多好啊。

到底要如何实现呢？让我们来一起探个究竟吧！

明确主题

为了完成这个任务，我们可以利用 Arduino UNO R3 主板、光敏传感器、LED、fritzing 电路设计软件、Mind+ 图形化编程软件、LASER MAKER 激光切割软件尝试做一个简单的“护眼感光台灯”。

步骤 1：学习光敏传感器的使用方法。

步骤 2：将光敏传感器、LED 和 UNO R3 主板组合实现基本功能。

步骤 3：利用激光切割软件，设计制作一个台灯模型。

步骤 4：组装各元件，并测试效果。

认识伙伴

Arduino UNO R3 主板

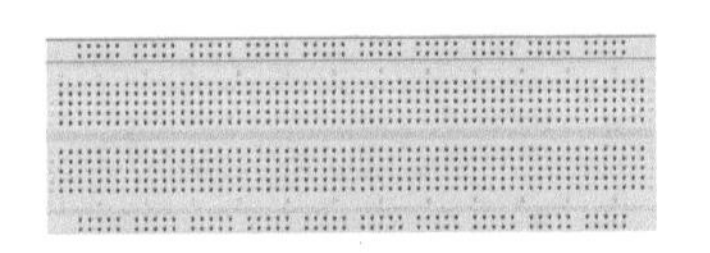

面包板

杜邦线

fritzing 电路设计软件

Mind+ 图形化编程软件

LASER MAKER 激光切割软件

光敏传感器

LED

3 毫米厚木板

学习技能

1 认识光敏传感器

本环节任务：了解光敏传感器的基本原理及用法。

1. 光敏传感器

光敏传感器是对外界光信号或光辐射有响应或转换功能的敏感装置，一般用来检测周围环境光线的亮度。其主要应用于太阳能草坪灯、光控小夜灯、监控器、光控玩具、声光控开关等电子产品的光自动控制领域。（如图 5.1）

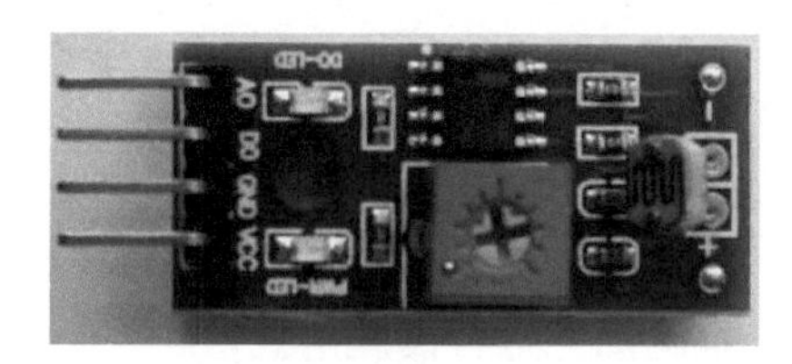

图 5.1

2. 光敏传感器工作原理

光敏传感器是利用光敏元件将光信号转换为电信号的传感器，它的敏感波长在可见光波长附近，包括红外线波长和紫外线波长。光传感器不只局限于对光的探测，还可以作为探测元件组成其他传感器，对许多非电量进行检测，只要将这些非电量转换为光信号的变化即可。

3. 光敏传感器的连接方法

光敏传感器电路板上有四个引脚：VCC、GND、AO、DO。其中 VCC 引脚接 UNO 主板上的 +5V，GND 引脚接 GND。AO 引脚，代表模拟量输出，接 UNO 主板上的模拟信号引脚，可以反映光线强弱。DO 引脚，代表数字量输出，接 UNO 主板上的数字信号引脚，可以判断是否有光线。（如图 5.2）

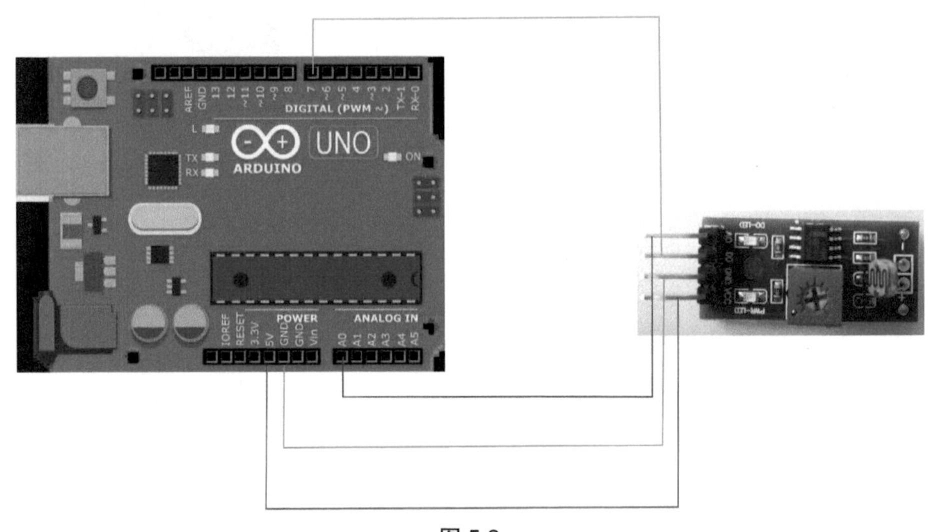

图 5.2

自主设计

② 设计电路图

本环节任务：设计电路图并进行修改迭代。

1. 出示工程任务：你打算如何利用所学的知识，以及本课提供的材料，帮助张欣同学解决问题，设计制作一个“护眼感光台灯”呢？

2. 独立设计

请写出你的设计思路，也可以利用 fritzing 软件画出设计图噢。

3. 分享成果

将你的设计想法与组内同学分享，听听他们的建议。

同学们的建议：

4. 修改优化

综合同学们的想法，你是否要对自己的设计进行修改优化呢？

5. 他山之石

下面这张图（图 5.3），是李小萌同学利用 fritzing 软件设计的电路图，对你们有什么帮助吗？

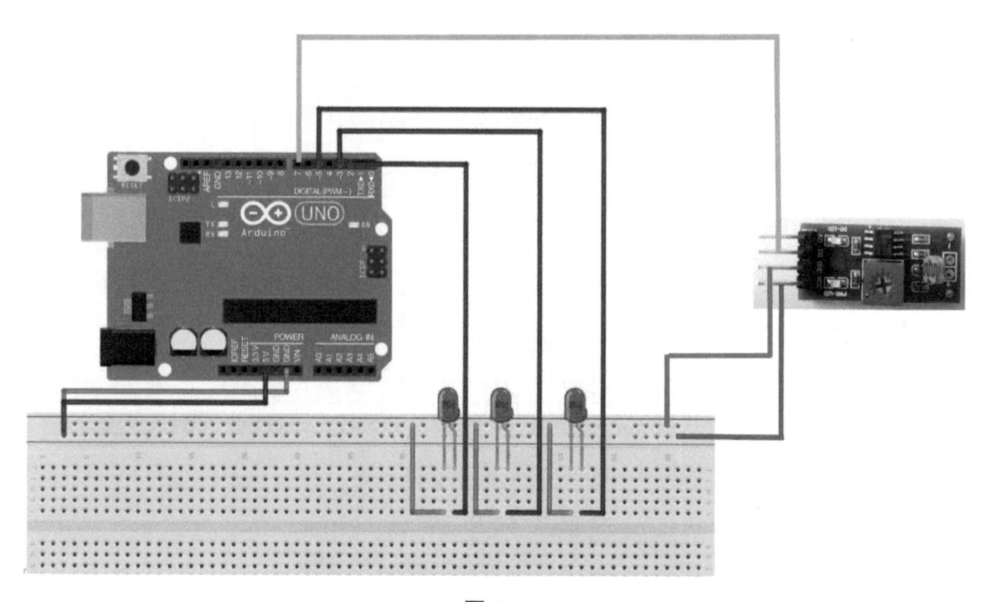

图 5.3

实践探索

③ 组装电路并编写程序（1）

本环节任务：组装实物电路并利用光敏传感器的 DO 引脚编写控制程序。

1. 按照自己设计的电路图，选择元器件组装电路。

下面这个电路是李小萌同学搭建的实物图，光敏传感器的 DO 引脚连接数字引脚 7，三个 LED 分别连接数字引脚 2、数字引脚 3 和数字引脚 5。对你们有什么启发吗？（如图 5.4）

图 5.4

2. 编写程序

电路组装好了，下一步，我们来编写程序，达到以下效果：当外部无光线时，LED 自动点亮；当外部有光线时，LED 不亮。

（1）利用串口数据了解光敏传感器的状态

首先，我们要从 Arduino 模式中找到“串口字符串输出”模块，这个模式可以实时显示一组字符串数值。（如图 5.5）

图 5.5

其次，如果我们想看看此时光敏传感器的状态，可以将程序像这样进行设置（如图 5.6）。打开串口看看数据，没有遮挡，即白天对应是“0”，一直闪烁的“0”（如图 5.7）表示未读取到有效信息，传感器输出状态为低电平。试着用手遮住光敏传感器，代表黑夜，对应是“1”，再看串口数据中这个一直闪烁的“1”表示读取到信号，此时传感器输出状态为高电平。（如图 5.8）

图 5.6　　图 5.7　　图 5.8

最后，请利用以上所学，开动你们的脑筋，让光敏传感器控制灯的开与关吧。请写出想法。

（2）分享交流

和同伴分享你的想法，并听听他们的建议。

（3）编写程序

请写出你们的程序。

（4）测试程序

请测试你们的程序，说说你们的感受。

（5）他山之石

这是李小萌同学编写的程序，对你们有什么启发吗？（如图 5.9）

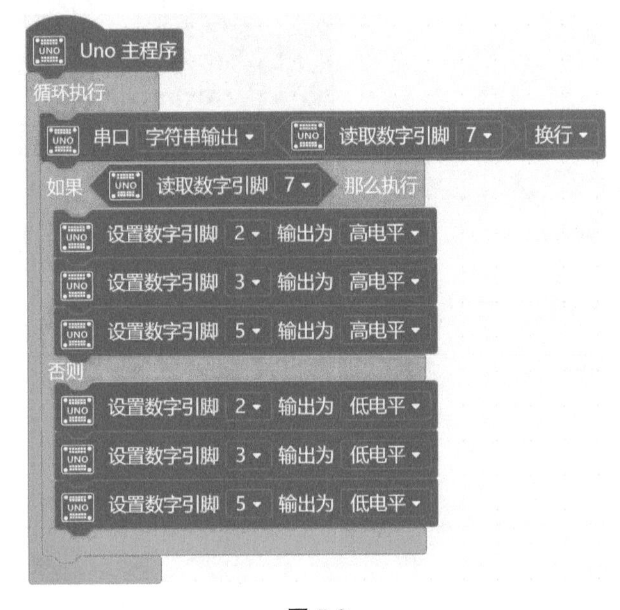

图 5.9

实践探索

4 组装电路并编写程序（2）

本环节任务：组装实物电路并利用光敏传感器的 AO 引脚编写控制程序。

1. 按照自己设计的电路图，选择元器件组装电路。

下面这个电路是刘燕同学搭建的实物图，光敏传感器的 AO 引脚连接

UNO 主板上的模拟信号引脚 A0，三个 LED 分别连接数字引脚 2、数字引脚 3 和数字引脚 5。对你们有什么启发吗？（如图 5.10）

图 5.10

2. 编写程序

电路组装好了，下一步，我们来编写程序，达到以下效果：当光线明亮时，三个 LED 均不亮；当光线渐渐暗下去，LED 从亮一个，到亮两个三个，直至达到全开状态。

（1）利用串口数据了解光敏传感器的状态

首先，我们想看看此时光敏传感器的数据，可以将程序像这样设置（如图 5.11）。打开串口看看数据（如图 5.12），这个一直闪烁的数值代表目前光线的亮暗程度。试着用手遮住光敏传感器，再看一看串口数据（如图 5.13）。全部遮住光敏传感器，再看一看串口数据（如图 5.14）。你们有什么发现吗？

图 5.11

图 5.12

图 5.13

图 5.14

请利用所学知识，开动你们的脑筋，利用光敏传感器根据光线的亮暗程度来控制 LED 灯的开与关吧。请写出你的想法。

（2）分享交流

和同伴分享你的想法，并听听他们的建议。

（3）编写程序

请写出你们的程序。

（4）测试程序

请测试你们的程序，说说你们的感受。

（5）他山之石

这是李小萌同学编写的程序，对你们有什么启发（如图 5.15）？

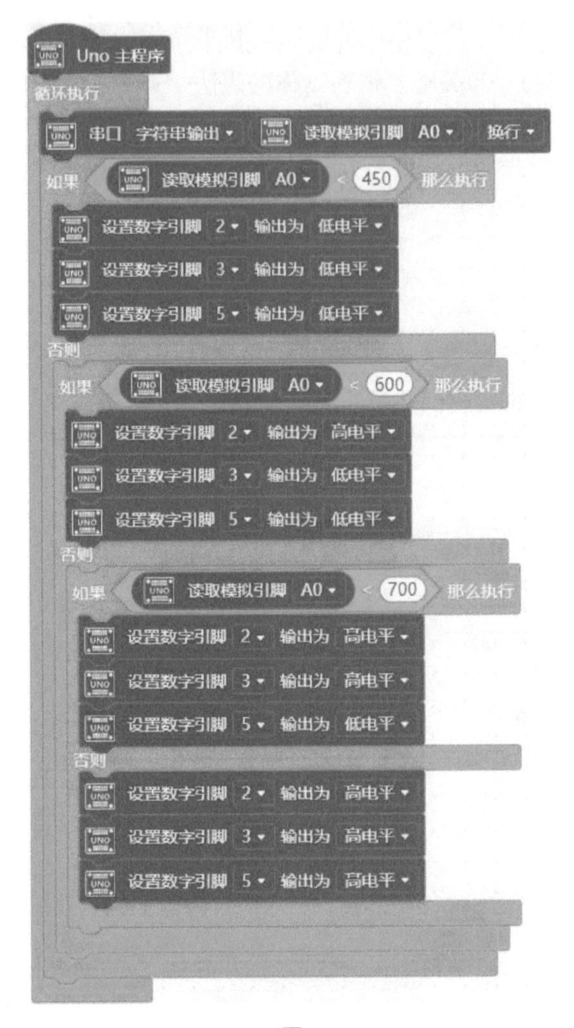

图 5.15

模型测试

5 模型连接并测试

本环节任务：利用激光切割软件设计并制作“护眼感光台灯”模型，将设计好的电路进行安装，完成作品。

1. 激光切割软件设计作品（如图 5.16、图 5.17）

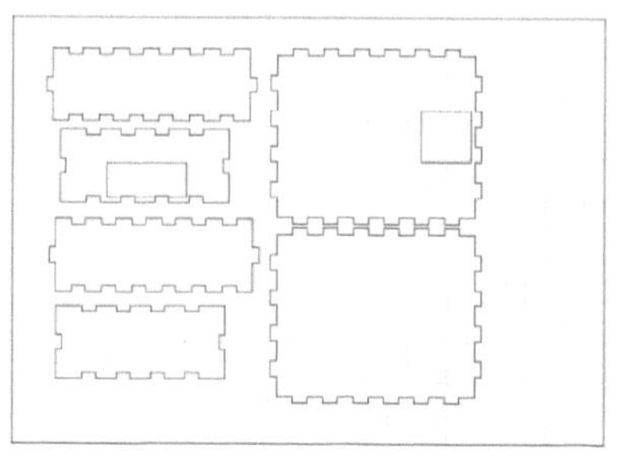

图 5.16

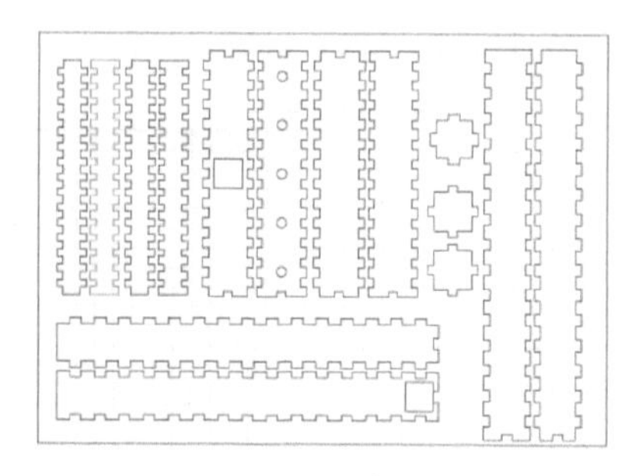

图 5.17

2. 激光切割并组装模型（如图 5.18、图 5.19、图 5.20、图 5.21）

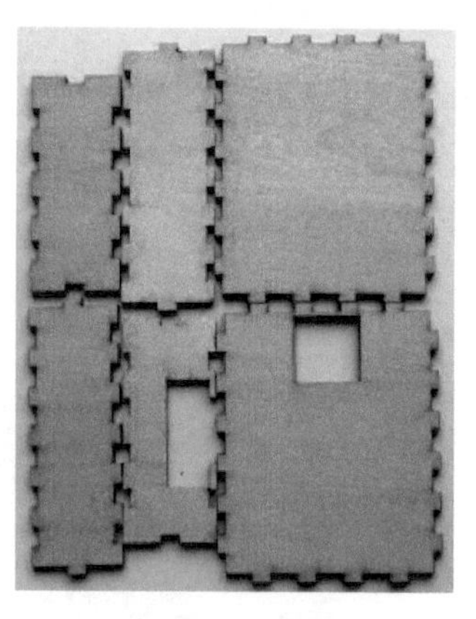

图 5.18

图 5.19

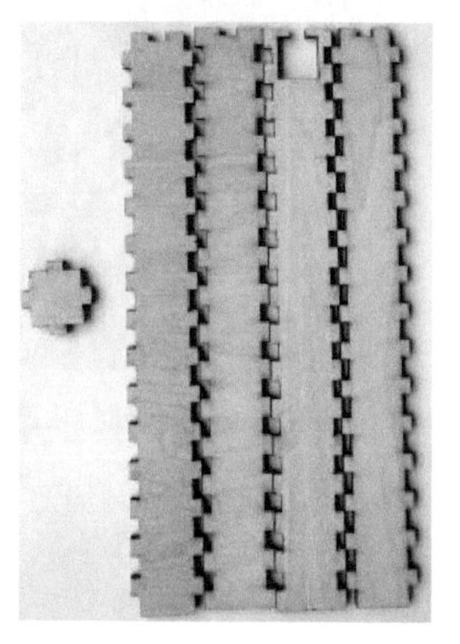

图 5.20

图 5.21

3. 模型内部结构（如图 5.22）

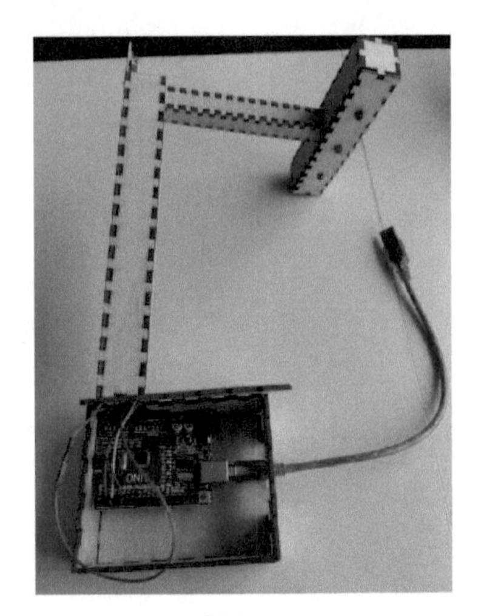

图 5.22

4. 成品展示（如图 5.23、图 5.24）

图 5.23　光线明亮时，LED 未亮

图 5.24　光线暗时，LED 全亮

项目六

班级噪音现形器

问题聚焦

STEM 社团课上，黄小明同学提出这样一个问题。他们班下课的时候，噪音总是很大，但同学们身处其中感觉不到喧闹，反而声音越来越大，真是让人烦恼啊。

如果能利用 STEM 社团学习相关知识，帮他制作一个“噪音现形器”。当班级噪音过大时，会亮起一系列的 LED，根据亮灯的数量来判断噪音的强弱。将“噪音现形器”放在教室里醒目的地方，可以起到监测与提醒的作用，那样该多好啊。

到底要如何实现呢？让我们来一起探个究竟吧！

明确主题

为了完成这个任务，我们利用 Arduino UNO R3 主板、声音传感器、LED、fritzing 电路设计软件、Mind+ 图形化编程软件、LASER MAKER 激光切割软件试着做一个简单的“噪音现形器”吧。

步骤 1：学习声音传感器的使用方法。

步骤 2：将声音传感器、LED 和 UNO R3 主板组合实现基本功能。

步骤 3：利用激光切割软件，设计制作一个模型。

步骤 4：组装各元件，并测试效果。

认识伙伴

Arduino UNO R3 主板

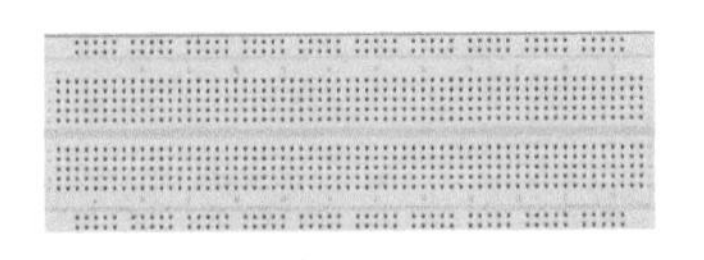
面包板

杜邦线

fritzing 电路设计软件

Mind+ 图形化编程软件

LASER MAKER 激光切割软件

声音传感器

LED

3 毫米厚木板

学习技能

1 认识声音传感器

本环节任务：了解声音传感器的基本原理及用法。

1. 声音传感器

声音传感器的作用相当于一个话筒 (麦克风)。它可以用来接收声波，显示声音的振动图像。（如图 6.1）

图 6.1

2. 声音传感器工作原理

声音传感器内置一个对声音敏感的电容式驻极体话筒，声波使话筒内的驻极体薄膜振动，导致电容的变化，从而产生与之对应变化的微小电压。随后它被转化成 0~5V 的电压，经过转换后被数据采集器接收，最终传送给计算机。

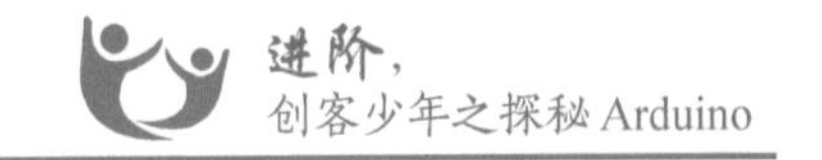

3. 声音传感器的连接方法

声音传感器电路板上有四个引脚：AO、+、G、DO。其中“+”引脚接UNO 主板上的 +5V，“G”引脚接 UNO 主板上的 GND。AO 引脚，接 UNO 主板上的模拟信号引脚，可以反映声音的强弱。DO 引脚，接 UNO 主板上的数字信号引脚，可以判断是否有声音。（如图 6.2）

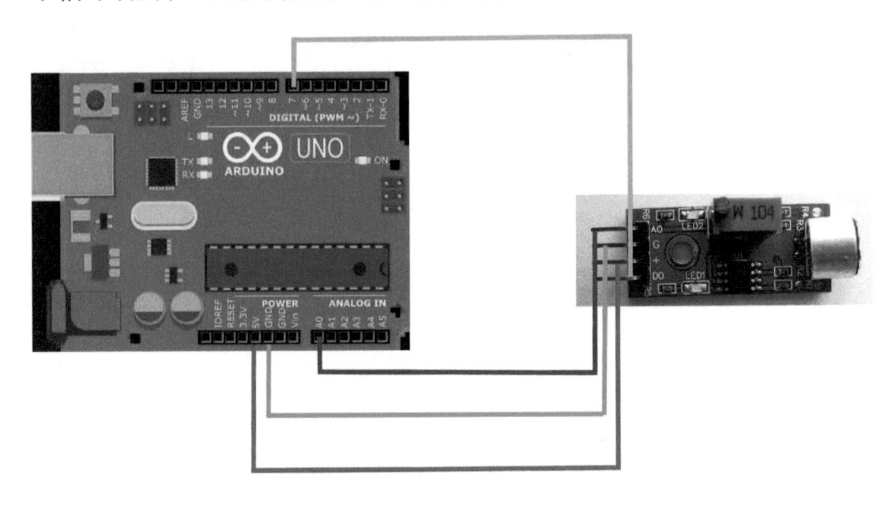

图 6.2

自主设计

② 设计电路图

本环节任务：设计电路图并进行修改迭代。

1. 出示工程任务：你打算如何利用所学的知识，以及本节课提供的材料，帮助黄小明同学解决问题呢？

2. 独立设计

请写出你的设计思路，也可以利用 fritzing 软件画出设计图噢。

3. 分享成果

将你的设计想法与组内同学分享，听听他们的建议。

同学们的建议：

4. 修改优化

综合同学们的想法，你是否要对自己的设计进行修改优化呢？

5. 他山之石

下面是李小萌同学设计的 2 种电路图，同样都接了 8 个 LED。不同的是，一种方案接的是声音传感器上的 DO 引脚，另一种接的是声音传感器上的 AO 引脚，对你们有什么启发吗？（如图 6.3、图 6.4）

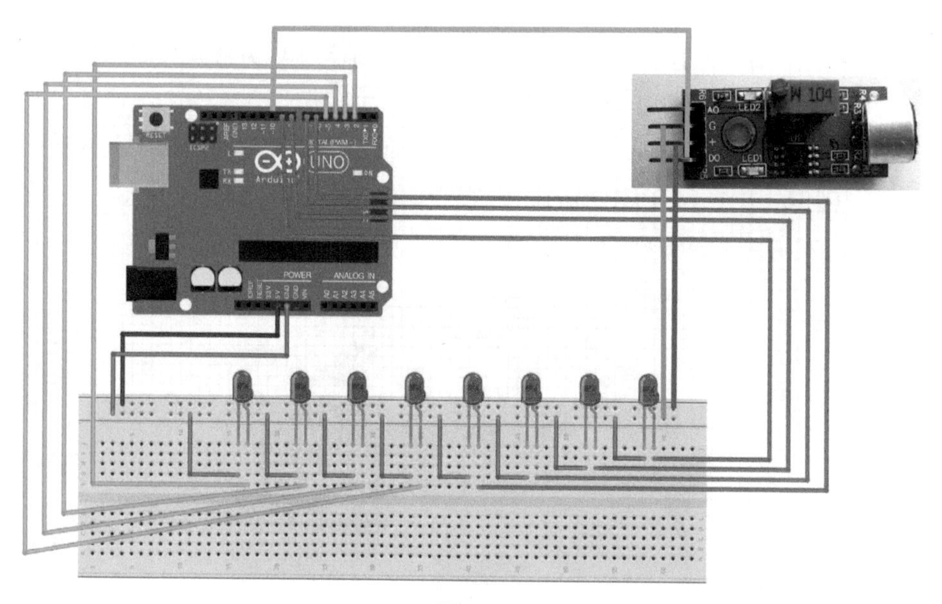

图 6.3

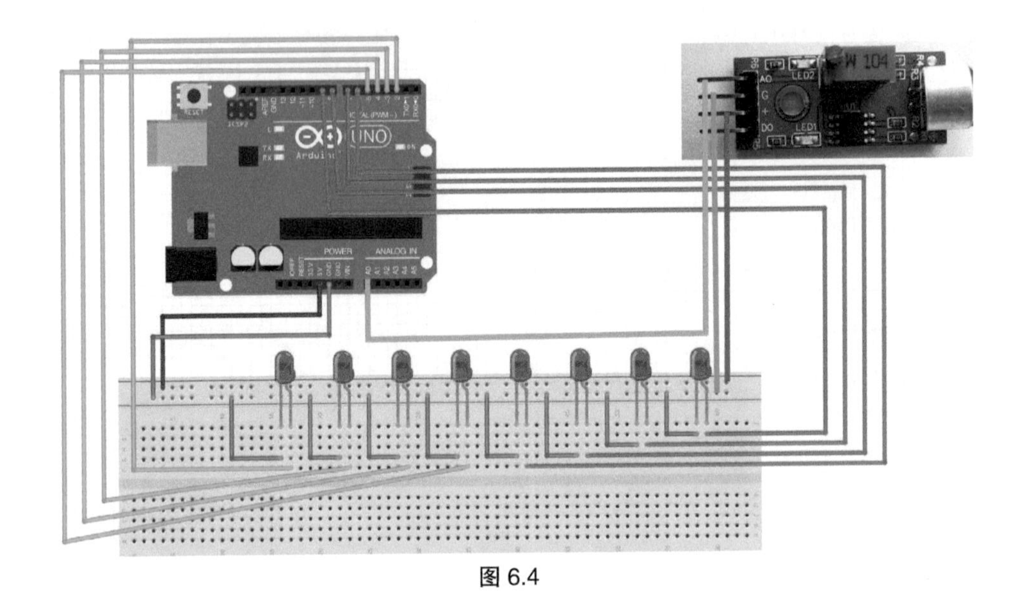

图 6.4

实践探索

3 组装电路并编写程序（1）

本环节任务：组装实物电路并利用声音传感器的DO引脚编写控制程序。

1. 按照自己设计的电路图，选择元器件组装电路。

下面这个电路是李小萌同学搭建的实物图，声音传感器的DO引脚连接数字引脚10，8个LED灯分别连接数字引脚2、3、4、5、6、7、8、9。对你们有启发吗？（如图6.5）

图 6.5

2. 编写程序

电路组装好了，下一步，我们来编写程序，达到以下效果：当外部无声音时，LED 全不亮；当外部有声音时，LED 全亮。

（1）利用串口数据了解声音传感器的状态

首先，我们要从 Arduino 模式中找到“串口字符串输出”模块，这个模块可以实时显示一组字符串数值。（如图 6.6）

图 6.6

其次，我们想看看此时声音传感器的状态，可以将程序像这样设置（如图 6.7）。打开串口看看数据，一直闪烁的“0”表示没读取到，此时传感器输出状态为低电平（如图 6.8）。试着对着传感器发出声音，再看一看串口数据，有声音时，对应是“1”，这个闪烁的“1”表示读取到信号，此时传感器输出状态为高电平。（如图 6.9）

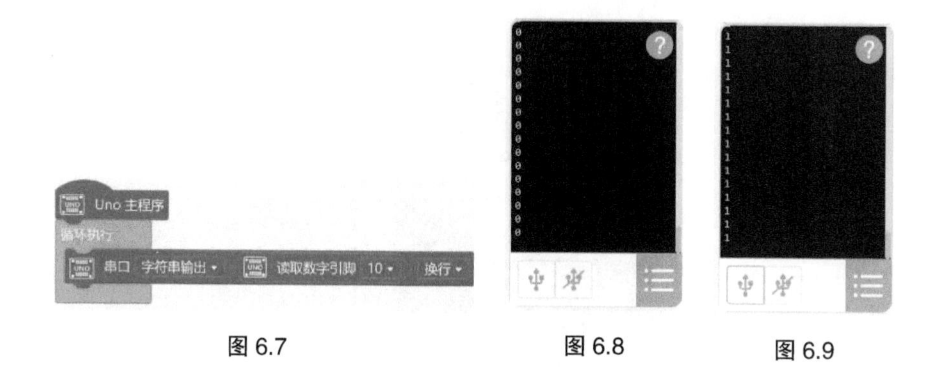

图 6.7　　图 6.8　　图 6.9

最后，请利用以上所学，开动你们的脑筋，让声音传感器控制 8 个 LED 灯的开与关吧。请写出想法。

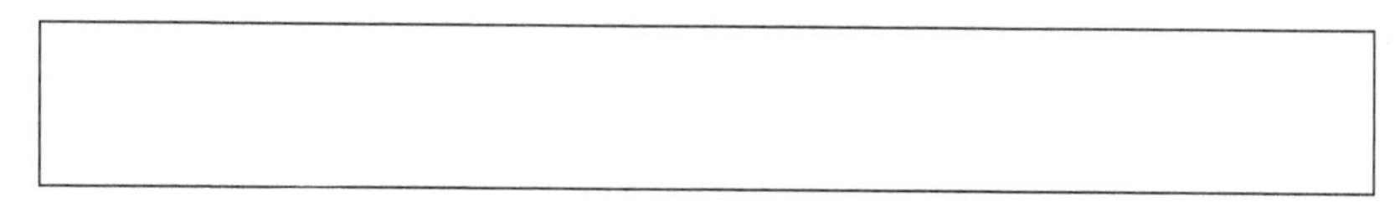

（2）分享交流

和同伴分享你的想法，并听听他们的建议。

（3）编写程序

请写出你们的程序。

（4）测试程序

请测试你们的程序，说说你们的感受。

（5）他山之石

这是李小萌同学编写的程序，对你们有什么启发吗？（如图 6.10）

图 6.10

实践探索

4 组装电路并编写程序（2）

本环节任务：组装实物电路并利用声音传感器的AO引脚编写控制程序。

1.按照自己设计的电路图，选择元器件组装电路。

下面这个电路是刘燕同学搭建的实物图，声音传感器的AO引脚连接UNO主板上的模拟信号引脚A0，8个LED分别连接数字引脚2、3、4、5、6、7、8、9。对你们有启发吗？（如图6.11）

图6.11

2.编写程序

电路组装好了，下一步，我们来编写程序，达到以下效果：当声音较小时，8个LED均不亮；当声音渐渐大起来，LED从亮一个，到亮8个，直至达到全开状态，此时声音达峰值。

（1）利用串口数据了解声音传感器的状态

首先，我们想看看此时声音传感器的数据，可以将程序像这样设置（如图6.12）。打开串口看看数据，这个一直闪烁的数值代表目前声音的大小（如图6.13）。试着由弱到强地向声音传感器发出声音，再看一看串口数据（如图6.14、图6.15），你们有没有什么发现呢？

图6.12

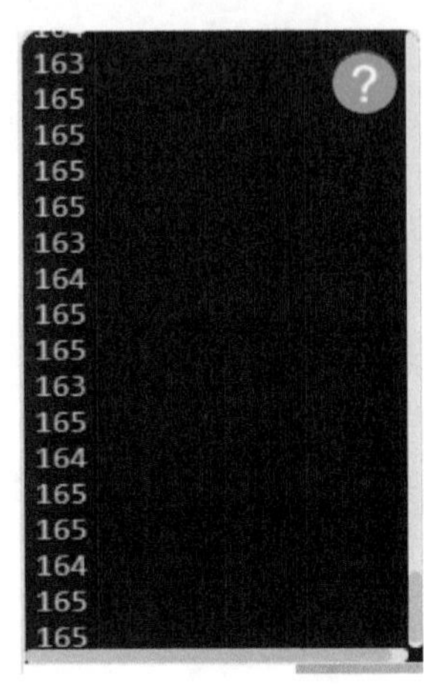

图 6.13

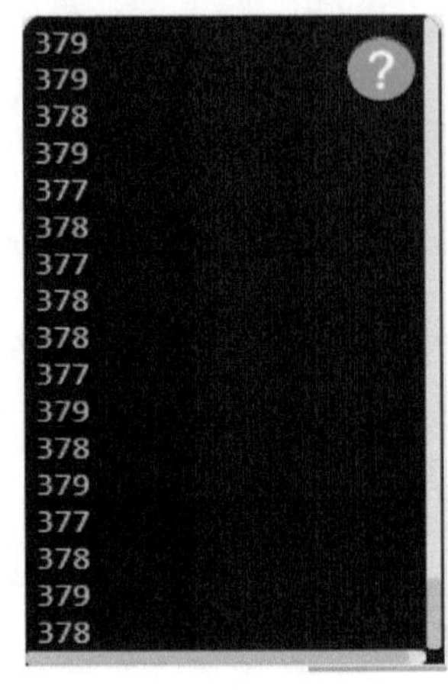

图 6.14

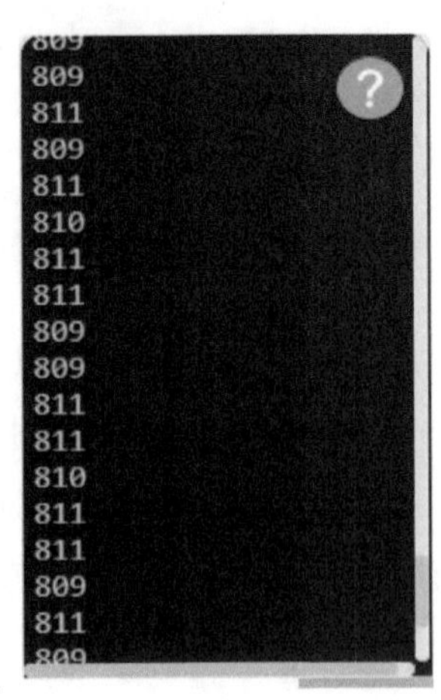

图 6.15

请利用以上所学，开动你们的脑筋，利用声音传感器根据声音的强弱来控制 LED 灯的开与关吧，请写出想法。

（2）分享交流

和同伴分享你的想法，并听听他们的建议。

（3）编写程序

请写出你们的程序。

（4）测试程序

请测试你们的程序，说说你们的感受。

模型测试

5 模型连接并测试

本环节任务：利用激光切割软件设计并制作“噪音现形器”模型，并将设计好的电路进行安装，完成作品。

1. 激光切割软件设计作品（如图 6.16）

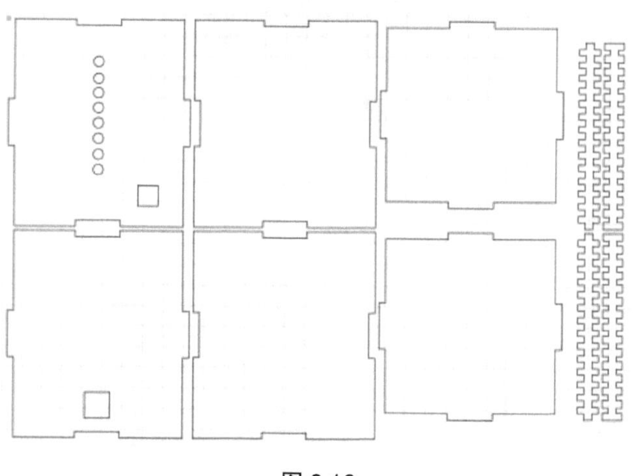

图 6.16

2. 激光切割并组装模型（如图 6.17、图 6.18、图 6.19）

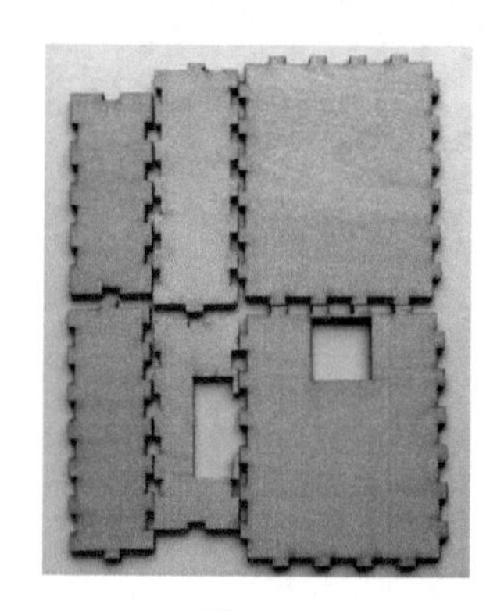

图 6.17

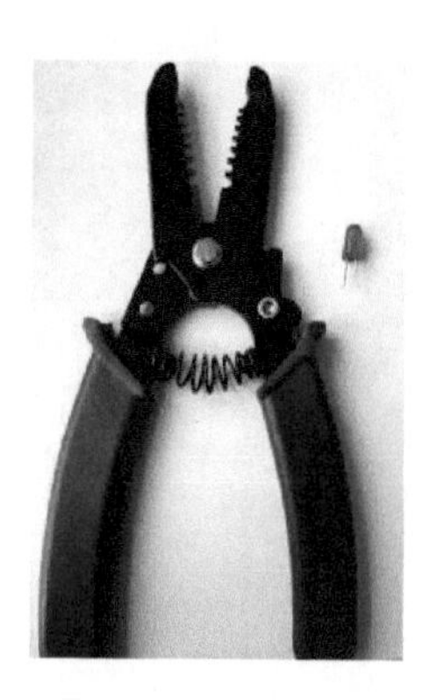

图 6.18　剪短 LED

图 6.19　剥线并连接 8 个 LED

3. 模型内部结构（如图 6.20）

图 6.20

4. 成品展示（如图 6.21、图 6.22）

图 6.21　声音较小时，LED 未亮

图 6.22　声音越大，LED 亮起数量越多

项目七

自动清洗窗户神器

问题聚焦

STEM 社团课上，李子丹同学提出这样一个问题。他家住在 22 层，因为楼层很高，虽然下雨时有雨点打在窗户上，但由于没有经过刮洗，窗玻璃表面还是脏脏的，想要人工擦洗窗户的外面有难度而且非常危险。

如果能利用 STEM 社团学习相关知识，帮他制作一个“利用雨水自动清洗窗户神器”。当下雨的时候，能利用窗户上的雨水，实现自动清洗的功能，既清洗了窗户，也节约了水，还很安全，那样该多好啊。

到底要如何实现呢？让我们来一起探个究竟吧！

明确主题

为了完成这个任务，我们可以利用 Arduino UNO R3 主板、雨滴传感器、舵机、fritzing 电路设计软件、Mind+ 图形化编程软件、LASER MAKER 激光切割软件试着做一个简单的“自动清洗窗户神器”吧。

步骤 1：学习雨滴传感器的使用方法。

步骤 2：将雨滴传感器、舵机和 UNO R3 主板组合实现基本功能。

步骤 3：利用激光切割软件，设计制作一个窗户模型。

步骤 4：组装各元件，并测试效果。

认识伙伴

Arduino UNO R3 主板

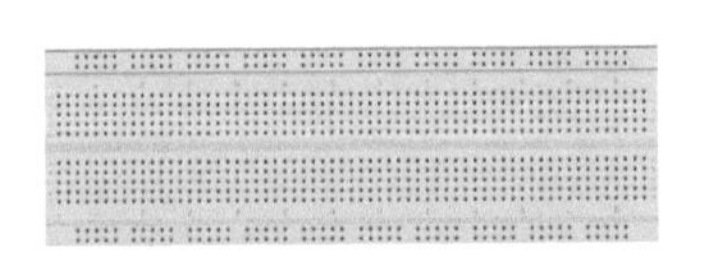

面包板

杜邦线

fritzing 电路设计软件

Mind+ 图形化编程软件

LASER MAKER 激光切割软件

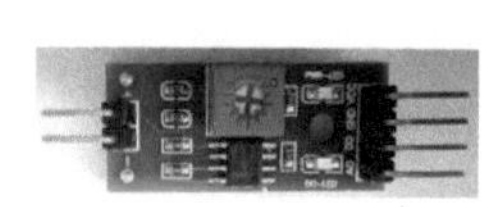
雨滴传感器

舵机（SG90）

3 毫米厚木板

学习技能

❶ 认识雨滴传感器

本环节任务：了解雨滴传感器的基本原理及用法。

1. 雨滴传感器

雨滴传感器由雨滴感应板和信号处理模块两部分构成。在雨滴感应板上以线条形式涂覆镍金属。镍金属的终端有两个针形接头用来接入电路，信号处理模块也有两个对应的针脚，用杜邦线将雨滴感应板和信号处理模块连接。信号处理模块中间有一个大的变阻器，可用来调节雨滴传感器的灵敏度。（如图 7.1、图 7.2）

图 7.1　雨滴感应板

图 7.2　信号处理模块

2. 雨滴传感器工作原理

当雨滴滴到感应板上，从干燥到潮湿的过程中，会发生电压变化并产生电流，输出信号。

3. 雨滴传感器的连接方法

雨滴感应板的两个引脚（不分正负极）与信号处理模块的正负极相连接。信号处理模块上有四个引脚：AO、VCC、GND、DO。其中 VCC 引脚接 +5V,GND 引脚接 GND。AO 引脚，接 UNO 主板上的模拟信号引脚，可以反映感应板上雨水量的强弱。DO 引脚，接 UNO 主板上的数字信号引脚，可以判断感应板上是否有雨水。（如图 7.3）

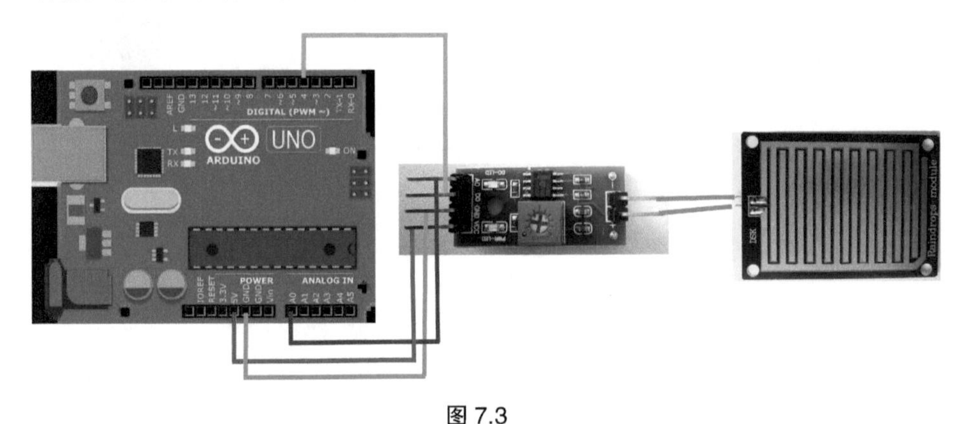

图 7.3

自主设计

2 设计电路图

本环节任务：设计电路图并进行修改迭代。

1. 出示工程任务：你打算如何利用所学的知识，以及本节课提供的材料，帮助李子丹同学解决问题呢?

2. 独立设计

请写出你的设计思路，也可以利用 fritzing 软件画出设计图噢。

3. 分享成果

将你的设计想法与组内同学分享，听听他们的建议。

同学们的建议：

4. 修改优化

综合同学们的想法，你是否要对自己的设计进行修改优化呢？

5. 他山之石

下面是李小萌同学设计的 2 种电路图，同样都接了一个舵机（SG90）。不同的是，一个接的是雨滴传感器上的 DO 引脚，另一个接的是雨滴传感器上的 AO 引脚，对你们有启发吗？（如图 7.4、图 7.5）

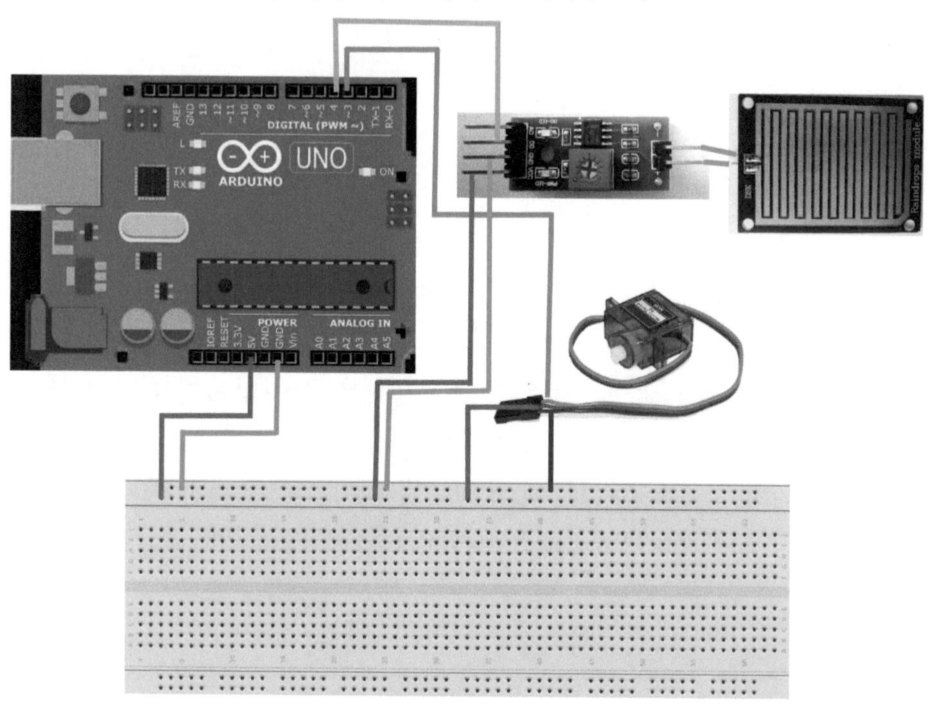

图 7.4

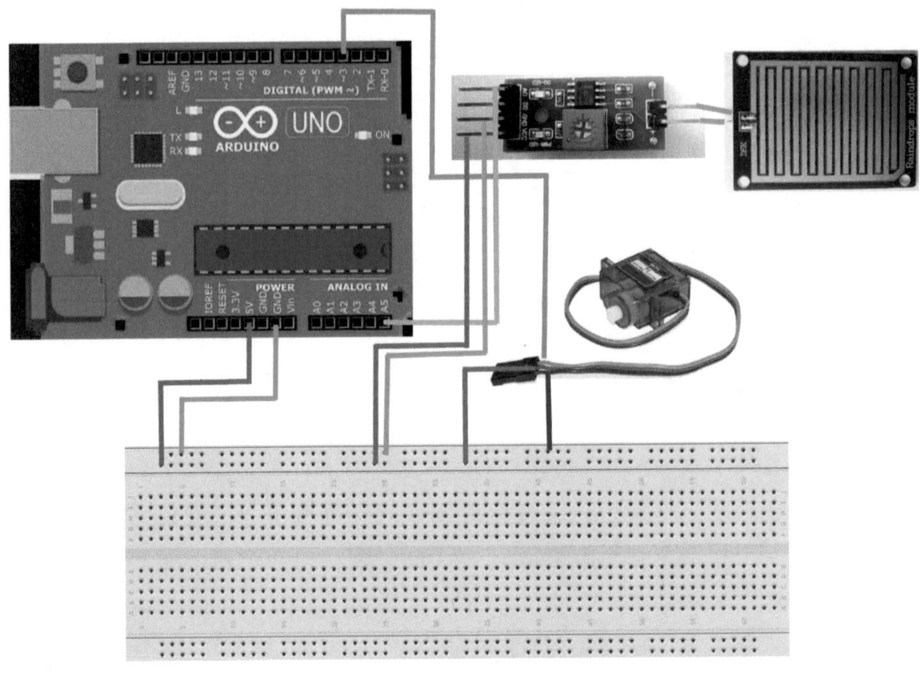

图 7.5

实践探索

3 组装电路并编写程序（1）

本环节任务：组装实物电路并利用雨滴传感器的 DO 引脚编写控制程序。

1. 按照自己设计的电路图，选择元器件组装电路。

下面这个电路是李小萌同学搭建的实物图，雨滴传感器的 DO 引脚连接数字引脚 10，舵机连接数字引脚 3。对你们有启发吗？（如图 7.6）

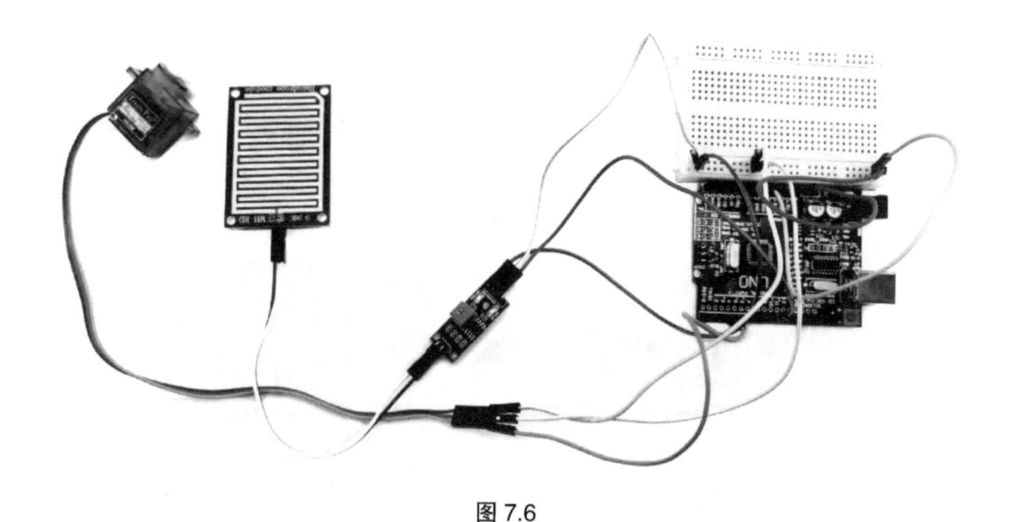

图 7.6

2. 编写程序

电路组装好了，下一步，我们来编写程序，达到以下效果：当雨滴感应板上无雨水时，舵机不转动（代表未刮洗）；当雨滴感应板上有雨水时，舵机转动（代表刮洗）。

（1）利用串口数据了解雨滴传感器的状态

首先，我们要从 Arduino 模式中找到“串口字符串输出”模块，这个模块可以实时显示一组字符串数值。（如图 7.7）

图 7.7

我们想看看此时雨滴传感器的状态，可以将程序像这样设置（如图 7.8）。打开串口看看数据，感应板上无雨水时，对应是“1”，一直闪烁的“1”表示读取到传感器信号（如图 7.9），此时输出状态为高电平。试着在雨滴感应板上滴几滴水，再看一看串口数据，感应板上有水对应是“0”，一直闪烁的“0”表示未读取到传感器信号（如图 7.10），此时传感器输出状态为低电平。

图 7.8

图 7.9

图 7.10

请利用以上所学，开动你们的脑筋，让雨滴传感器控制舵机转动（刮洗）吧。请写出想法。

（2）分享交流

和同伴分享你的想法，并听听他们的建议。

（3）编写程序

请写出你们的程序。

（4）测试程序

请测试你们的程序，说说你们的感受。

（5）他山之石

这是李小萌同学编写的程序，试一试，对你们有什么启发吗？（如图 7.11）

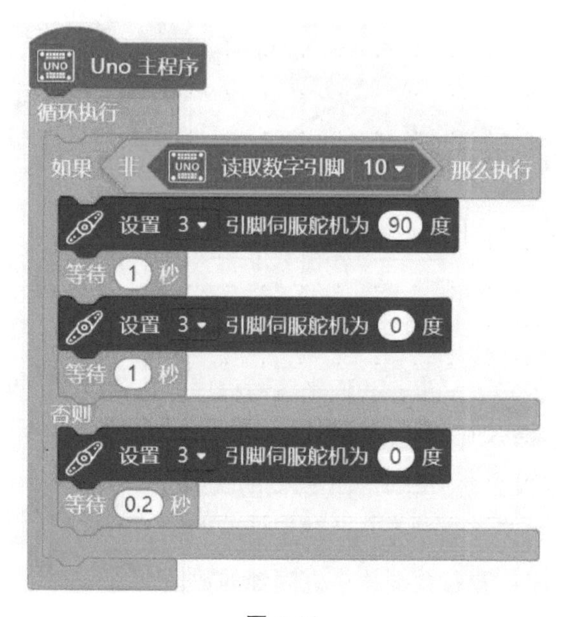

图 7.11

实践探索

4 组装电路并编写程序（2）

本环节任务：组装实物电路并利用雨滴传感器的 AO 引脚编写控制程序。

1. 按照自己设计的电路图，选择元器件组装电路。

下面这个电路是刘燕同学搭建的实物图，声音传感器的 AO 引脚连接

UNO 主板上的模拟信号引脚 A0，舵机连接数字引脚 3。对你们有什么启发吗？（如图 7.12）

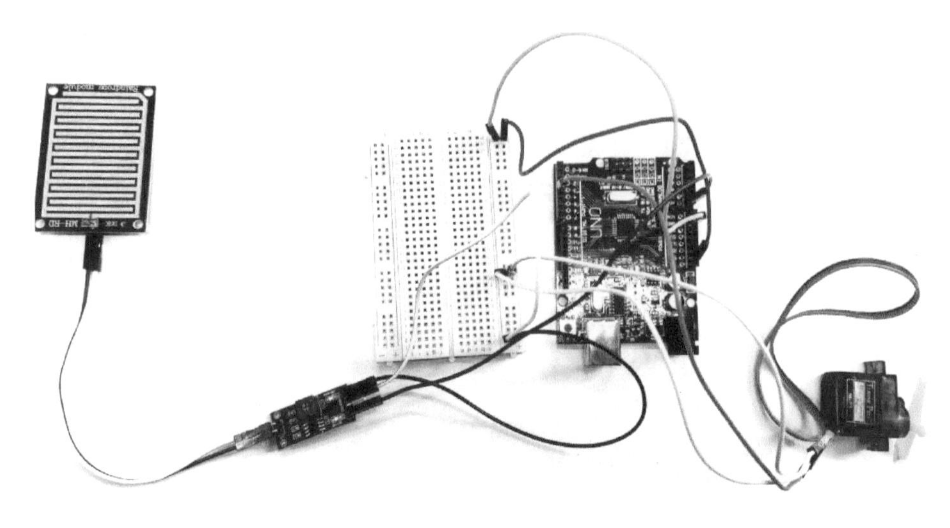

图 7.12

2. 编写程序

电路组装好了，下一步，我们来编写程序，达到以下效果：当感应板上无雨滴时，舵机不转动；当雨滴渐渐多起来，舵机转动速度也越来越快。

（1）利用串口数据了解雨滴传感器的状态

首先，我们想看看此时雨滴传感器的数据，可以将程序像这样设置（如图 7.13）。打开串口看看数据，一直闪烁的数值代表目前雨滴传感器测出的数据值（如图 7.14）。试着往感应板上滴一滴水，然后依次增多，再看一看串口数据（如图 7.15）。你们有什么发现呢？

图 7.13

图 7.14

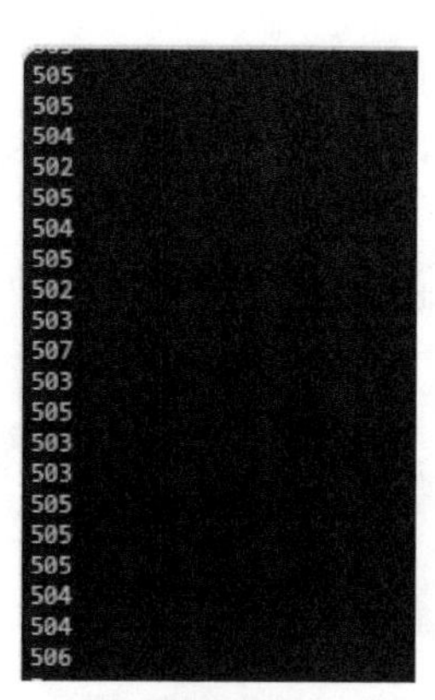

图 7.15

（2）请利用以上所学，开动你们的脑筋，利用雨滴传感器根据雨量强弱来控制舵机转动速度的快慢吧，请写出想法。

（3）分享交流

和同伴分享你的想法，并听听他们的建议。

（4）编写程序

请写出你们的程序。

（5）测试程序

请测试你们的程序，说说你们的感受。

（6）他山之石

这是李小萌同学编写的程序，试一试，对你们有什么启发吗？（如图 7.16）

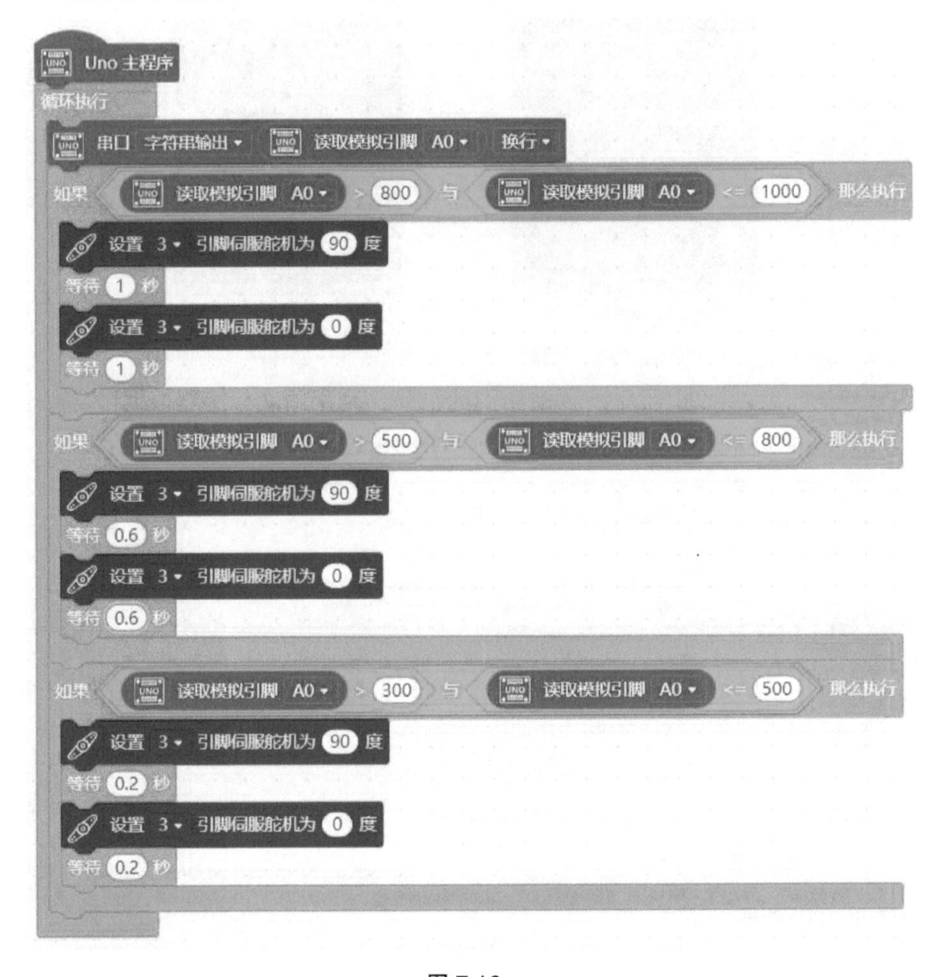

图 7.16

模型测试

5 模型连接并测试

本环节任务：利用激光切割软件设计并制作一个“自动清洗窗户神器”的模型，将设计好的电路进行安装，完成作品。

1. 激光切割软件设计作品（如图 7.17）

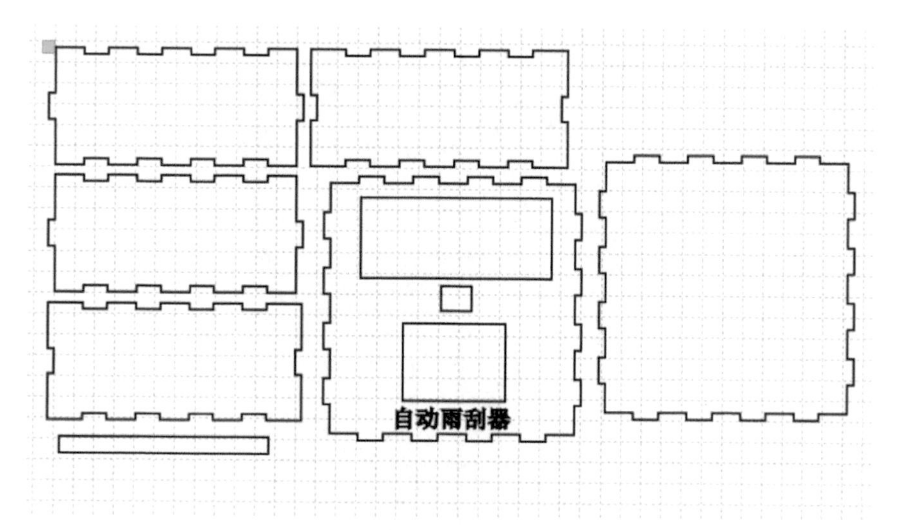

图 7.17

2. 激光切割并组装模型（如图 7.18）

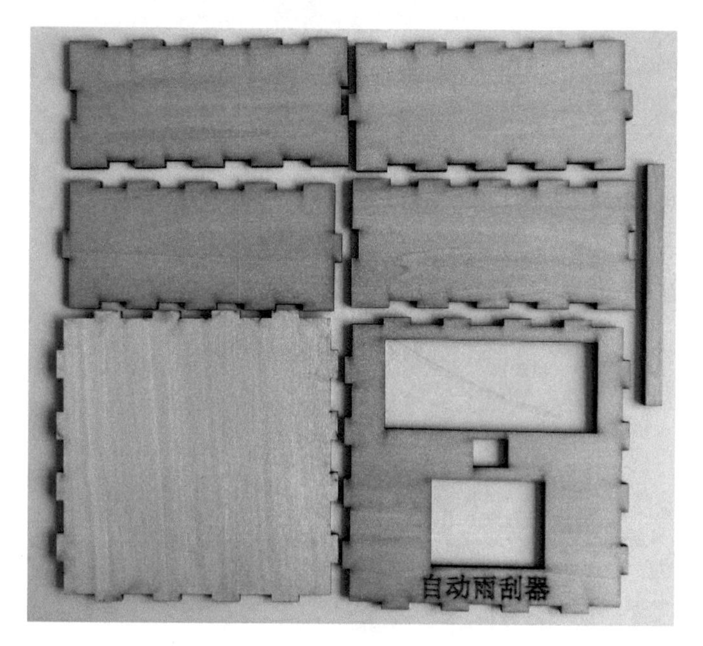

图 7.18

3. 模型内部结构（如图 7.19）

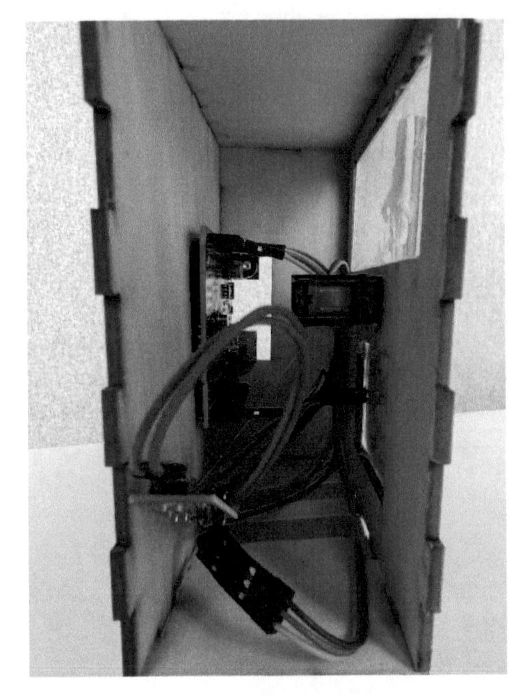

图 7.19

4. 成品展示（如图 7.20）

如图 7.20

项目八

可自动计数的储钱罐

问题聚焦

STEM 社团课上，张光明同学提出这样一个问题。他有一个储钱罐，经常往里面放一元硬币，开始时还能记住存了多少，但时间久了就忘记了。

如果能利用 STEM 社团学习相关知识，帮他制作一个“可自动计数的储钱罐”，能实时显示存了多少枚一元硬币，那该多好啊。

到底要如何实现呢？让我们来一起探个究竟吧！

明确主题

为了完成这个任务，我们利用 Arduino UNO R3 主板、对射式计数传感器、四位数码管显示模块、fritzing 电路设计软件、Mind+ 图形化编程软件、LASER MAKER 激光切割软件试着做一个简单的“可自动计数的储钱罐”吧。

步骤 1：学习对射式计数传感器、四位数码管显示模块的使用方法。

步骤 2：将对射式计数传感器、四位数码管显示模块和 UNO R3 主板组合实现基本功能。

步骤 3：利用激光切割软件，设计制作一个“可自动计数的储钱罐”模型。

步骤 4：组装各元件，并测试效果。

认识伙伴

Arduino UNO R3 主板

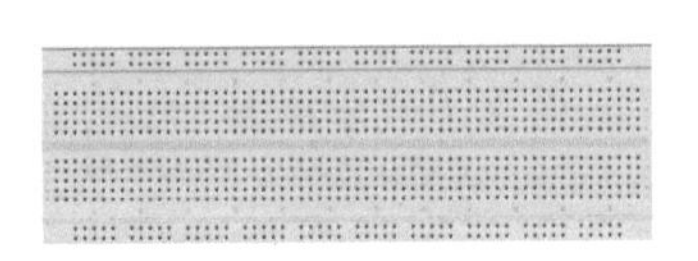
面包板

杜邦线

fritzing 电路设计软件

Mind+ 图形化编程软件

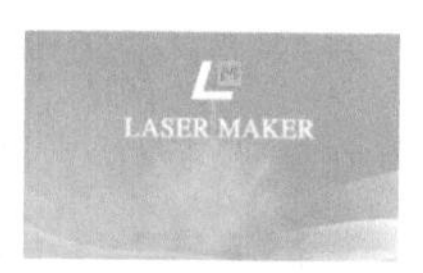

LASER MAKER 激光切割软件

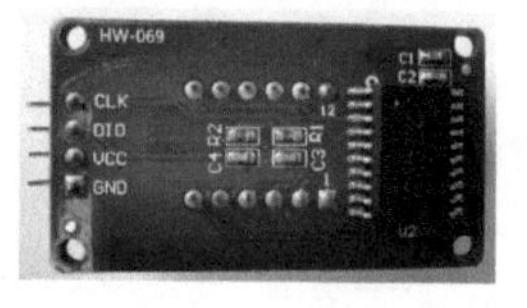

四位数码管显示模块

对射式计数传感器

3 毫米厚木板

学习技能

❶ 认识对射式计数传感器

本环节任务：了解对射式计数传感器的基本原理及用法。

1. 对射式计数传感器

本项目使用的对射式计数传感器，使用槽型光耦（ǒu）传感器，有输出状态指示灯。有遮挡时，输出高电平，无遮挡时，输出低电平。输出形式为数字开关量输出（0 和 1），传感器上设有固定螺栓孔，方便安装。（如图 8.1）

图 8.1

2. 对射式计数传感器工作原理

当对射式计数传感器模块槽中无遮挡时，接收管导通，输出低电平，有遮挡时，输出高电平。

3. 对射式计数传感器的连接方法

对射式计数传感器上有三个引脚：VCC、GND、OUT。其中 VCC 为供电电源，接 +5V，GND 引脚接 GND。OUT 引脚，接 UNO 主板上的数字信号引脚，可以判断是否有物体遮挡（通过）。（如图 8.2）

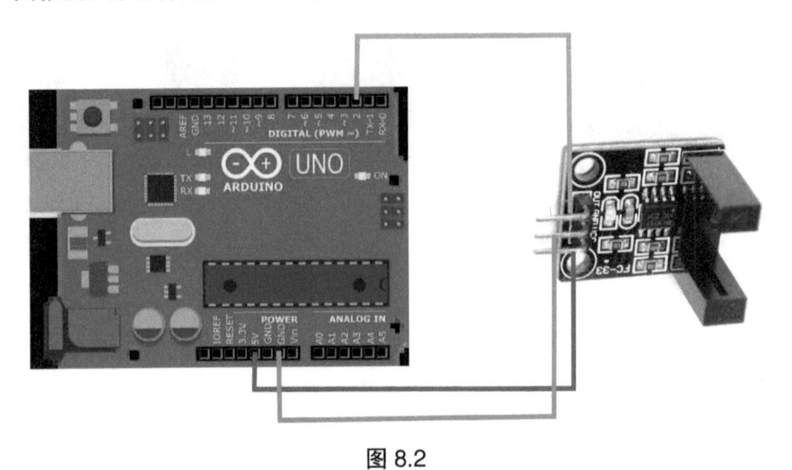

图 8.2

学习技能

2 认识四位数码管显示模块

本环节任务：了解四位数码管显示模块的基本原理及用法。

1. 四位数码管显示模块

本项目使用的四位数码管显示模块由一个 12 脚带时钟点的 4 位共阳红字数码管组成。传感器上设有固定螺栓孔，方便安装。（如图 8.3、图 8.4）

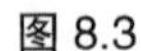

图 8.3

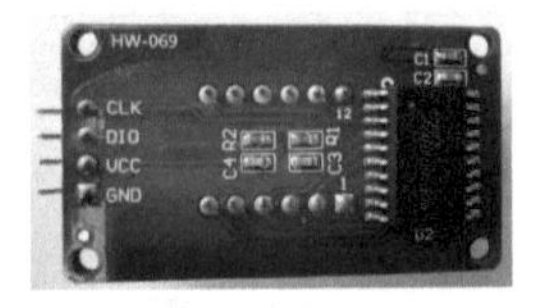

图 8.4

2. 四位数码管显示模块工作原理

数码管是一种半导体发光器件，其基本单元是 LED，能显示 4 位数字的叫四位数码管。按 LED 单元连接方式分为共阳极数码管和共阴极数码管。共阳数码管是指将所有发光二极管的阳极接到一起形成公共阳极（COM）的数码管。共阳数码管在应用时，应将公共极 COM 接到 +5V，当某一字段发光二极管的阴极为低电平时，相应字段点亮。当某一字段的阴极为高电平时，相应字段不亮。

3. 四位数码管显示模块的连接方法

四位数码管显示模块上有四个引脚：VCC、GND、DIO、CLK。其中：VCC 为供电电源，接 +5V；GND 引脚接 GND；DIO 为数据输入输出引脚，接 UNO 主板上的数字信号引脚；CLK 为时钟信号引脚 ，接 UNO 主板上的数字信号引脚。（如图 8.5）

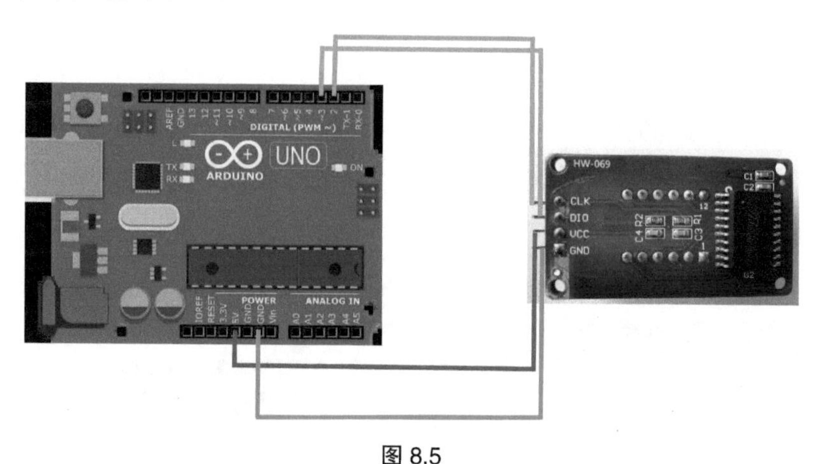

图 8.5

自主设计

3 设计电路图

本环节任务：设计电路图并进行修改迭代。

1. 出示工程任务：你打算如何利用所学的知识，以及本节课提供的材料，帮助张光明同学解决问题，做一个可自动计数的储钱罐呢？

2. 独立设计

请写出你的设计思路，也可以利用 fritzing 软件画出设计图噢。

3. 分享成果

将你的设计想法与组内同学分享，听听他们的建议。

同学们的建议：

4. 修改优化

综合同学们的想法，你是否要对自己的设计进行修改优化呢？

5. 他山之石

下面是李小萌同学设计的电路图，对射式计数传感器接的是数字引脚 2，四位数码管的 DIO 接的是数字引脚 3，CLK 接的是数字引脚 4。对你们有什么启发吗？（如图 8.6）

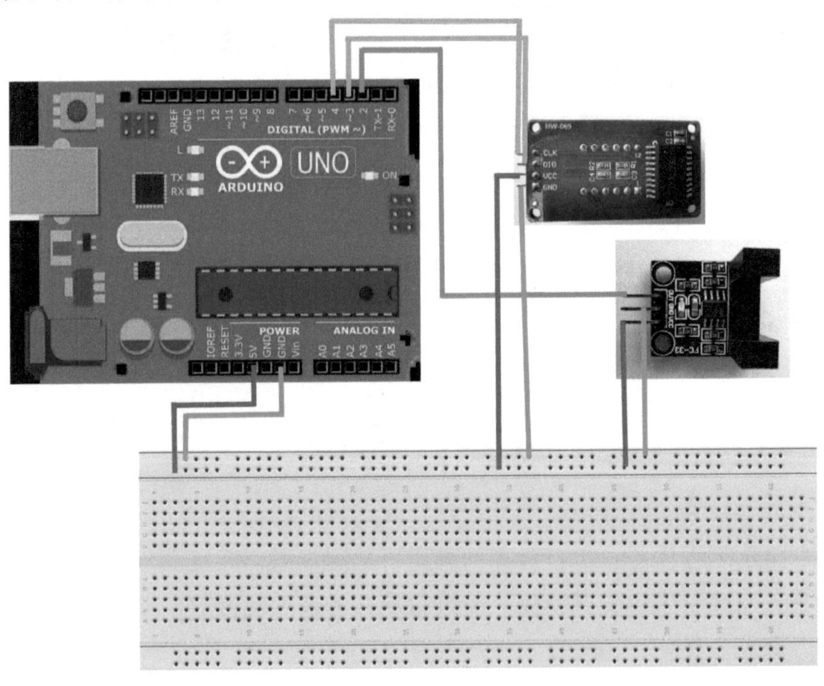

图 8.6

实践探索

4 组装电路并编写程序

本环节任务：组装实物电路并编写控制程序。

1. 按照自己设计的电路图，选择元器件组装电路。

下面这个电路是李小萌同学搭建的实物图，对射式计数传感器 OUT 引脚连接数字引脚 2，四位数码管的 DIO 引脚连接数字引脚 4，CLK 引脚连接数字引脚 3。对你们有启发吗？（如图 8.7）

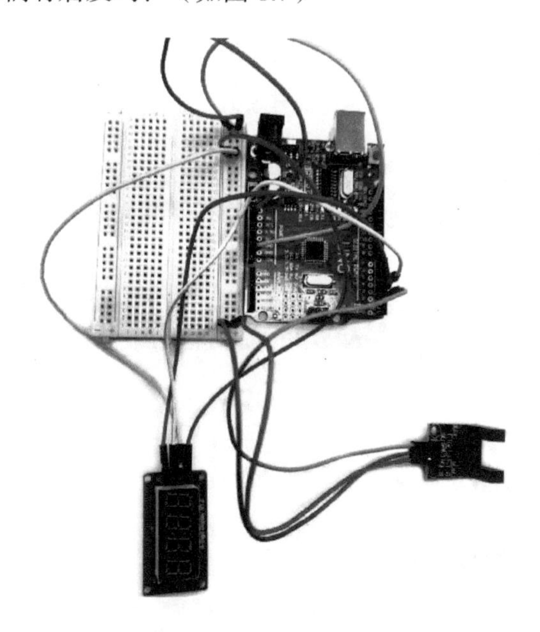

图 8.7

2. 编写程序

电路组装好了，下一步，我们来编写程序，达到以下效果：当有硬币完整通过对射式计数传感器时，数值加 1，同时四位数码管显示相应的数值。

（1）了解四位数码管的使用

要想让四位数码管显示数字，那就要在 Mind+ 软件的扩展模块中找到相应的四位数码管，进行加载即可使用。（如图 8.8）

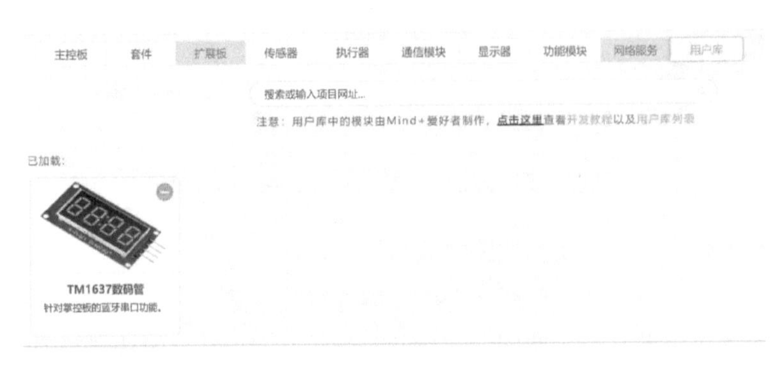

图 8.8

加载后，我们在用户库菜单中，找到数码管初始化模块和显示模块。数码管初始化模块，需要与你设置的 CLK 引脚和 DIO 引脚相对应。显示模块可以任意输入你想要显示的数字。（如图 8.9、图 8.10）

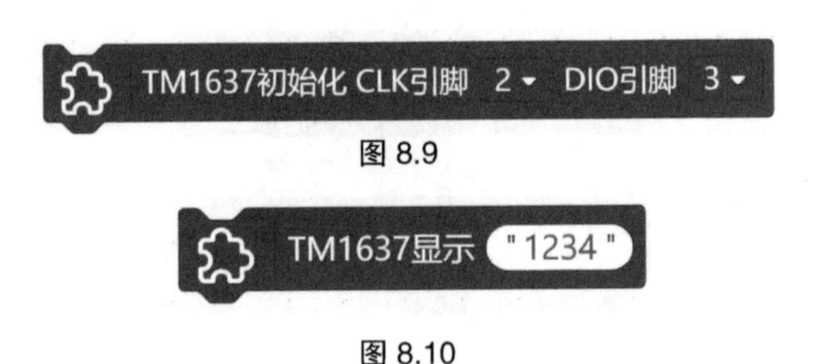

图 8.9

图 8.10

输入以下程序并上传，可以让你的数码管显示数字“6666”。（如图 8.11）

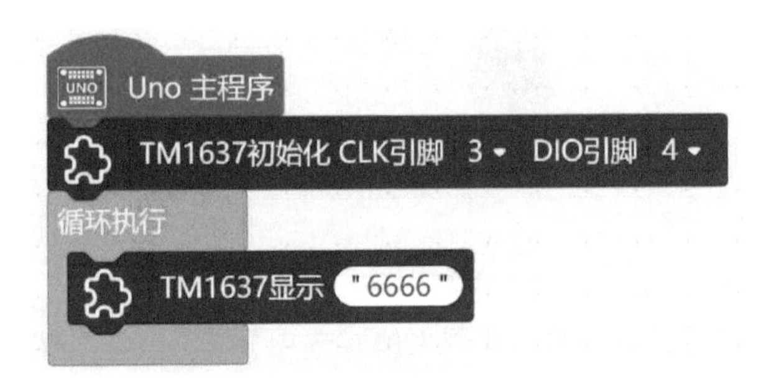

图 8.11

除了能显示固定的数字，数码管还可以精确显示某个字符串的第几个字符。比如想要在数码管右边第一位显示“3425”的第 3 个字符“2”，可以在

“运算符”菜单中使用这样的模块，与数码管显示模块结合，形成程序并上传。（如图 8.12）

试着编写程序，让你的四位数码管显示不同的数字吧。

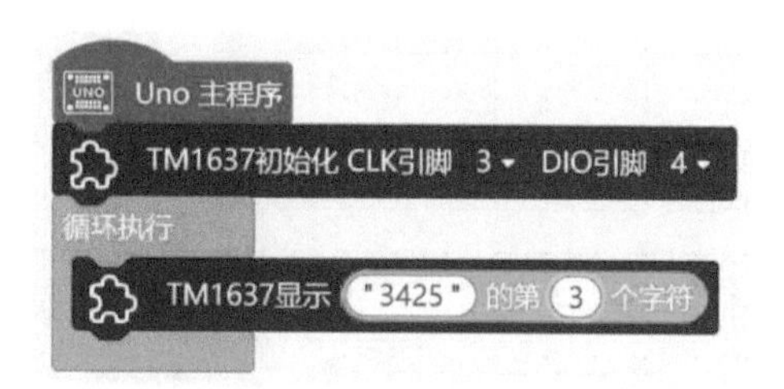

图 8.12

如果想让四位数码管的前 3 位显示“0”这个值，第四位显示“3425”这个字符串的第 3 个字符“2”，需要用到“运算符”菜单中的“合并”模块，将“合并”模块与数码管显示模块结合，形成程序并上传，试一试吧。（如图 8.13）

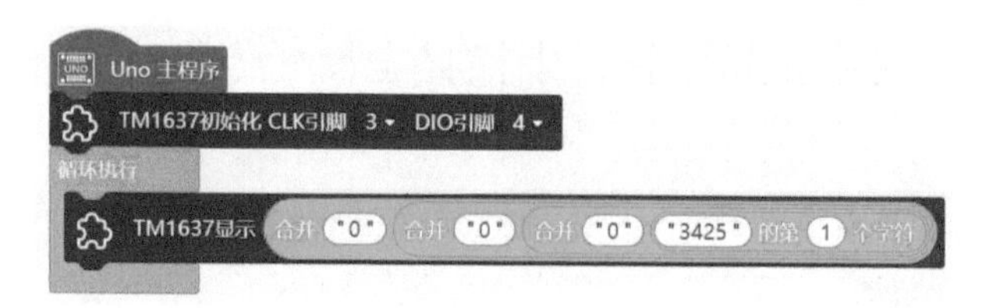

图 8.13

（2）学习“运算符”菜单中的“与”模块

“运算符”菜单中的“与”模块的意思是需要同时满足条件。比如想要让变量 *a* 大于 0，同时小于等于 10，可以像这样设置程序。（如图 8.14）

图 8.14

请利用以上所学，开动你们的脑筋，让四位数码管显示对射式计数传感器记录的数值吧。请写出想法。

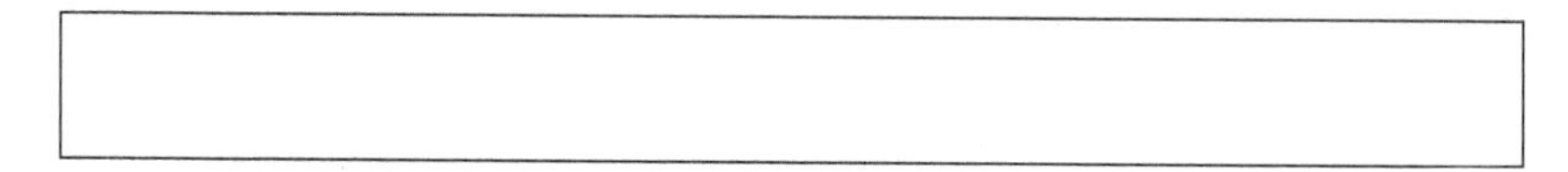

（3）分享交流

和同伴分享你的想法，并听听他们的建议。

（4）编写程序

请写出你们的程序。

（5）测试程序

请测试你们的程序，说说你们的感受。

（6）他山之石

这是李小萌同学编写的程序，对你们有启发吗？（如图 8.15）

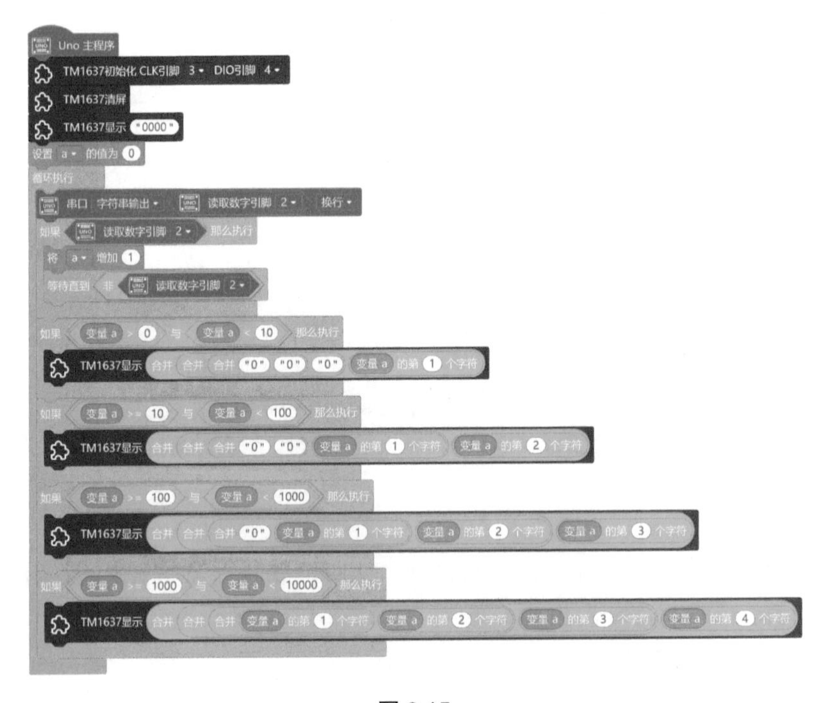

图 8.15

模型测试

5 模型连接并测试

本环节任务：利用激光切割软件设计并制作实物，将设计好的电路进行安装，完成作品。

1. 激光切割软件设计作品（如图 8.16）

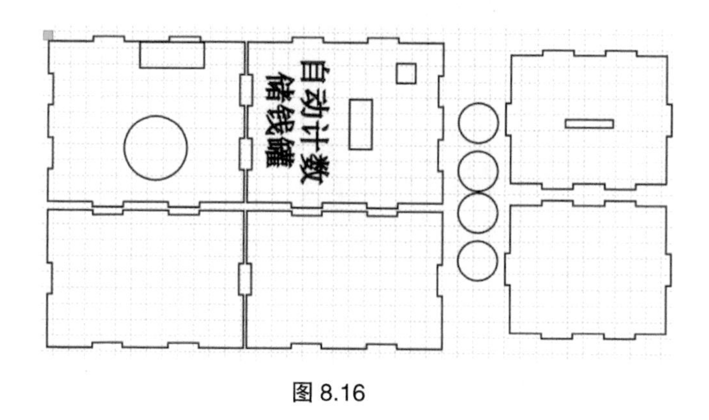

图 8.16

2. 激光切割并组装实物（如图 8.17）

图 8.17

3. 模型内部结构（如图 8.18）

图 8.18

4. 成品展示。当没有存钱时，数码管未显示数值。（如图 8.19）

图 8.19

项目九
可自动浇花的神器

问题聚焦

STEM 社团课上，童欣欣同学提出这样一个问题。她爸爸喜欢种花，家里阳台上有许多的花，非常美丽。可是因为他工作太忙，经常忘记给花儿们浇水，导致有些花缺水干枯了，真是可惜。

如果能利用 STEM 社团学习相关知识，帮他制作一个“可自动浇花的神器”，能根据土壤湿度自动打开水泵浇水，花儿们就不会因为缺水干枯了。

到底要如何实现呢？让我们来一起探个究竟吧！

明确主题

为了完成这个任务，我们可以利用 Arduino UNO R3 主板、土壤湿度传感器、微型水泵、继电器、fritzing 电路设计软件、Mind+ 图形化编程软件、LASER MAKER 激光切割软件试着做一个简单的“可根据土壤湿度自动浇花的神器”吧。

步骤 1：学习土壤湿度传感器、微型水泵、继电器的使用方法。

步骤 2：将土壤湿度传感器、微型水泵、继电器和 UNO R3 主板组合实现基本功能。

步骤 3：利用激光切割软件，设计制作小花盆模型。

步骤 4：组装各元件，并测试效果。

认识伙伴

Arduino UNO R3 主板

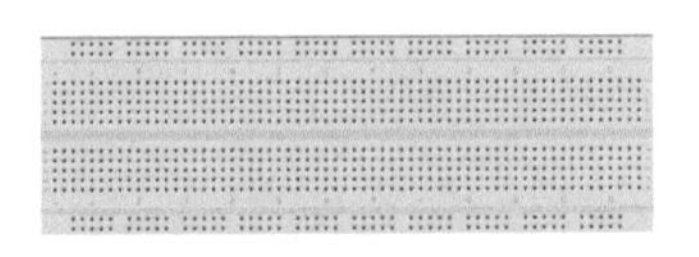

面包板

杜邦线

fritzing 电路设计软件

Mind+ 图形化编程软件

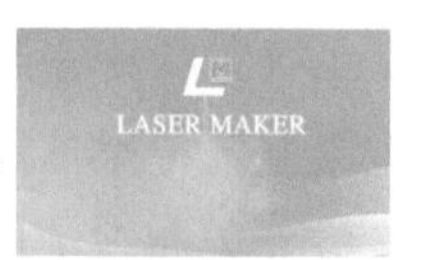

LASER MAKER 激光切割软件

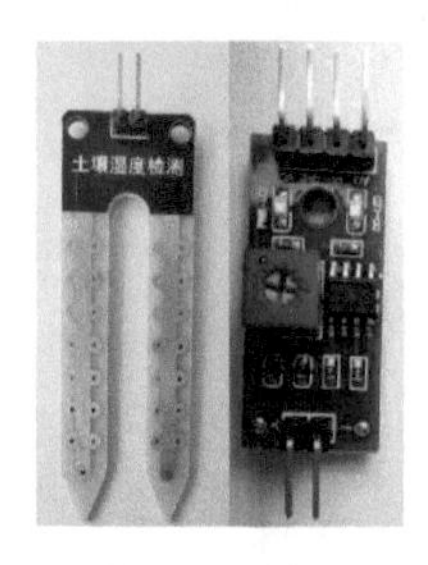
土壤湿度传感器

微型水泵

继电器

3 毫米厚木板

学习技能

1 认识土壤湿度传感器

本环节任务：了解土壤湿度传感器的基本原理及用法。

1. 土壤湿度传感器

本项目使用的土壤湿度传感器，由土壤湿度感应板和信号处理模块两部分构成。土壤湿度传感器表面采用镀镍处理，终端有两个针形接头伸出用于接入电路。信号处理模块也有两个对应的针脚，用杜邦线将土壤湿度感应板和信号处理模块连接。信号处理模块中间有一个大的变阻器，可用来调节土壤湿度传感器的灵敏度。（如图 9.1）

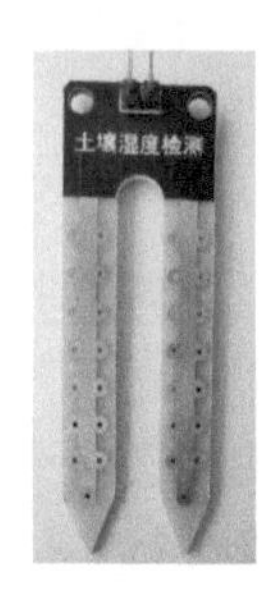

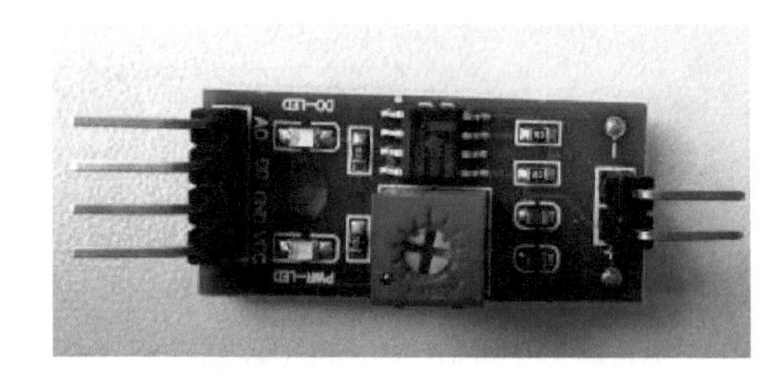

图 9.1

2. 土壤湿度传感器工作原理

土壤湿度传感器能够监测土壤的含水量。当土壤较为干燥时，土壤电阻趋于无穷大，而当土壤较为湿润时，电阻将迅速降低。土壤湿度传感器依据土壤电阻的变化输出不同模拟信号值，来监测湿度的变化。

3. 土壤湿度传感器的连接方法

土壤湿度感应板的两个引脚（不分正负极）与信号处理模块的正负极相连接。信号处理模块上有四个引脚：AO、VCC、GND、DO。其中 VCC 引脚接 +5V，GND 引脚接 GND。AO 引脚，接 UNO 主板上的模拟信号引脚，可以反映感应板上土壤湿度的强弱。DO 引脚，接 UNO 主板上的数字信号引脚，可以判断土壤湿度感应板上是否有水分。（如图 9.2）

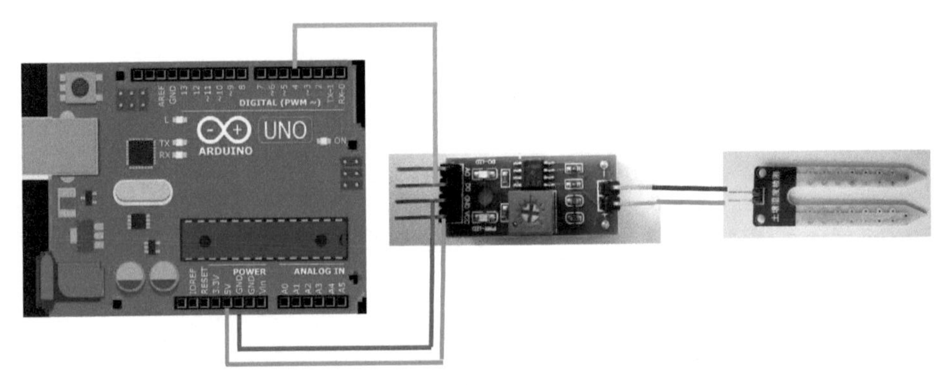

图 9.2

4. 学习土壤湿度传感器的使用方法

（1）利用土壤湿度传感器上 DO 引脚了解土壤干湿度状态

首先，我们要从 Arduino 模式中找到“串口字符串输出”模块，这个模块可以实时显示一组字符串数值。（如图 9.3）

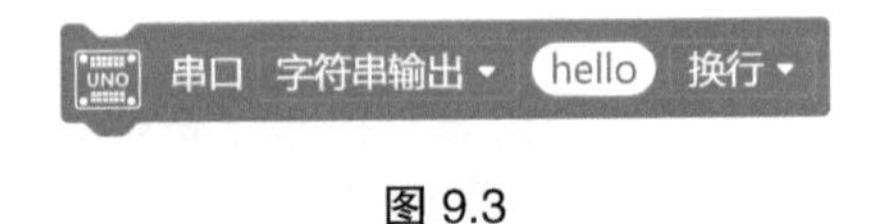

图 9.3

我们想看看此时土壤湿度传感器的状态，可以将土壤湿度传感器上的 DO 引脚与 UNO 主板上的 10 号引脚相连接，将土壤湿度传感器插入干燥的泥土，然后程序像这样设置（如图 9.4），打开串口看看数据，泥土较干燥时，

DO 对应值是“1”，一直闪烁的“1”表示已经读取到信号，此时传感器输出状态为高电平（如图 9.5）。往干燥的土壤中慢慢滴入清水，等一等，再看一看串口数据，当泥土达到一定湿度时，此时数据由“1”变成“0”，闪烁的“0”表示没有读取到信号，此时传感器输出状态为低电平（如图 9.6）。

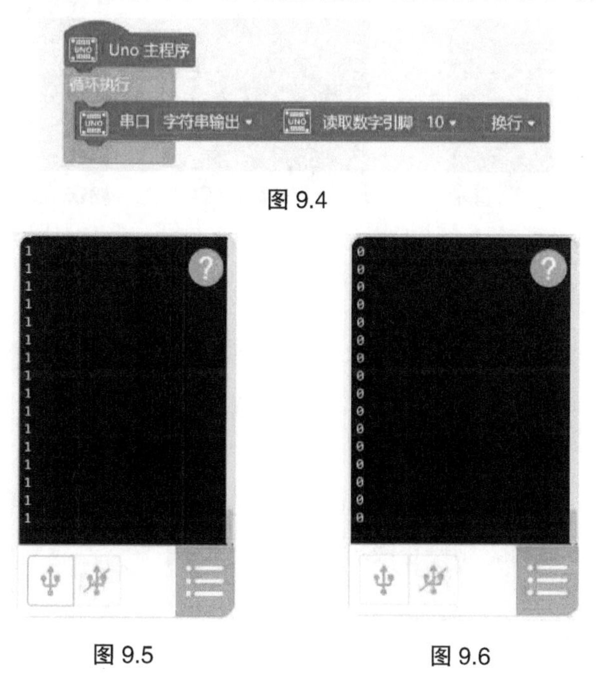

图 9.4

图 9.5

图 9.6

（2）利用土壤湿度传感器上 AO 引脚了解土壤湿度范围

AO 引脚可输出土壤湿度传感器的模拟电压值，输出范围为 0~1 023 V。将土壤湿度传感器上的 AO 引脚与 UNO 主板上的 A0 号引脚相连接，将土壤湿度传感器插入干燥的泥土，然后将程序像这样设置（如图 9.7）。打开串口看看数据，这个一直闪烁的“1023”代表的意思是，泥土干燥时，此时土壤湿度传感器的模拟电压值（如图 9.8）。往干燥的土壤中慢慢滴入清水，片刻，再看串口数据，此时数值在 882~886 之间变化（如图 9.9）。继续滴入清水，再看看串口数值（如图 9.10），你有什么发现？

图 9.7

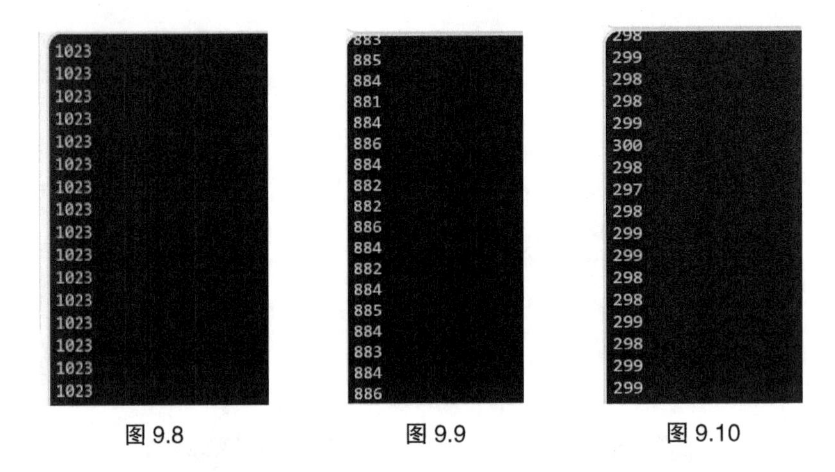

图 9.8　　图 9.9　　图 9.10

（3）了解土壤湿度相关知识

土壤湿度通常用土壤含水量的百分数表示。花卉生长所需要的水分，主要是从土壤中吸取。因此土壤湿度一般以田间持水量的 60%~70% 为宜，若低于 50%，即为缺水。

本项目中，我们规定当传感器的模拟电压高于 800 时，则需要浇水。当模拟电压低于 600 时，则停止浇水。

学习技能

2 认识微型水泵和继电器

本环节任务：了解微型水泵和继电器的基本原理及用法。

1. 微型水泵

一般将提升液体、输送液体或增加液体压力的机器，即把原动机的机械能转化为液体能以达到泵送液体目的的机器统称为水泵。

水泵一般由驱动部分和泵体组成，有两个接口：一个进水口和一个出水口，水从进水口进入，从出水口排出。微型直流水泵的工作原理：当泵的吸入管内充满空气时，在大气压力的作用下，利用泵工作时形成的负压（真空）将低于吸入口的水压升高。

本项目使用的水泵为微型直流 5V 小水泵，它的工作电压为 5V，它的流量为 1.2~1.4 升 / 分钟，中间位置为出水口，靠边位置为进水口。同时还有 2 个金属触脚，与继电器和直流电源相连接。（如图 9.11）

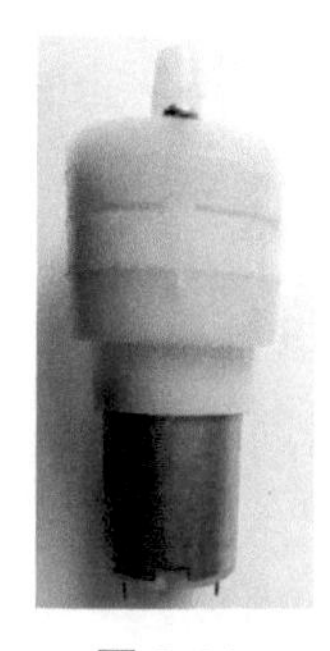

图 9.11

2. 继电器

继电器是一种电控制器件，通常应用于自动化的控制电路中，它实际上是一种用小电流去控制大电流运作的“自动开关”，在电路中起着自动调节、安全保护、转换电路等作用。

本项目中使用的继电器是电压为 5V 的继电器模块，采用低电平触发。信号输入端有低电平信号时，公共端与常开端会导通。（如图 9.12）

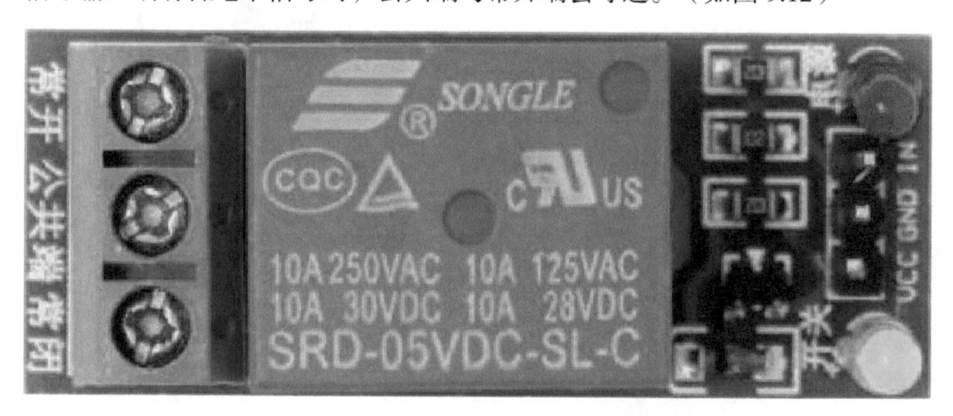

图 9.12

继电器模块一端包含常开端、公共端和常闭端；另一端包含电源 LED 指示灯、继电器 LED 指示灯、信号输入端、VCC 和 GND 接口。

当信号触发端有低电平触发时，公共端与常开端会接通，设备有电而工作。（如图 9.13）

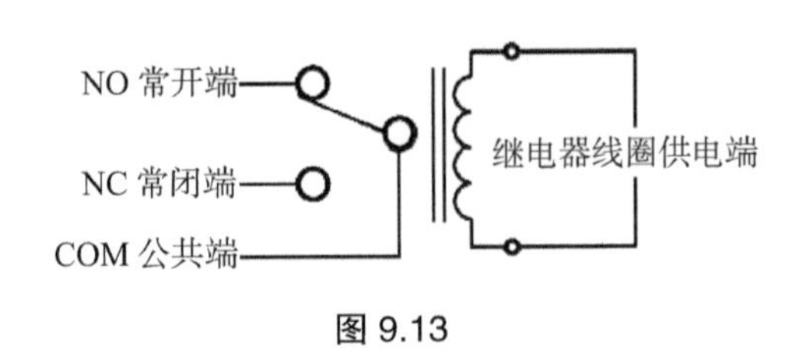

图 9.13

3. 将微型水泵、继电器、内含 4 节电池（每节电池电压为 1.5V）的电池盒与 UNO 主板相连，其中继电器的 IN 引脚连接 UNO 主板的 8 号引脚（如图 9.14）。

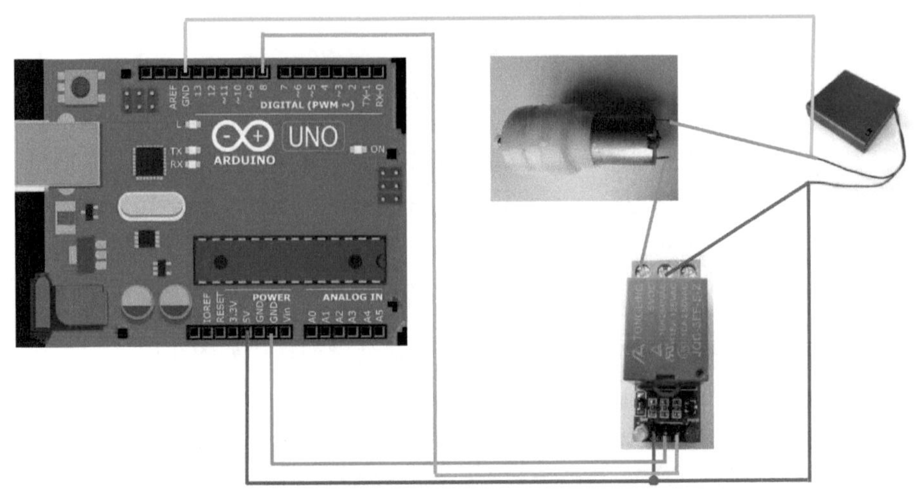

图 9.14

4. 编写程序

请参考以下程序，自行编写程序，并上传到主板中，尝试运行，有什么启发吗？（如图 9.15）

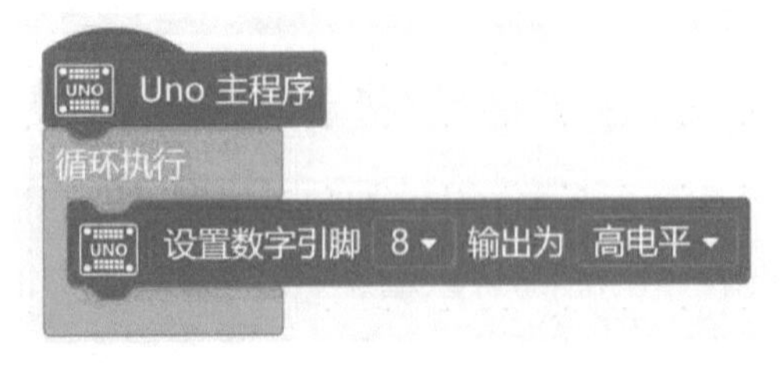

图 9.15

自主设计

3 设计电路图

本环节任务：设计电路图并进行修改迭代。

1. 出示工程任务：你打算如何利用所学的知识，以及本节课提供的材料，帮助童欣欣同学设计一个“可自动浇花的神器”？

2. 独立设计

请写出你的设计思路，也可以利用 fritzing 软件画出设计图噢。

3. 分享成果

将你的设计想法与组内同学分享，听听他们的建议。

同学们的建议：

4. 修改优化

综合同学们的想法，你是否要对自己的设计进行修改优化呢？

5. 他山之石

下面是李小萌同学设计的电路图，土壤湿度传感器 AO 引脚接 UNO 主板上的模拟引脚 A0。继电器的 IN 引脚接的是 UNO 主板上的数字引脚 2。对你们有什么启发吗？（如图 9.16）

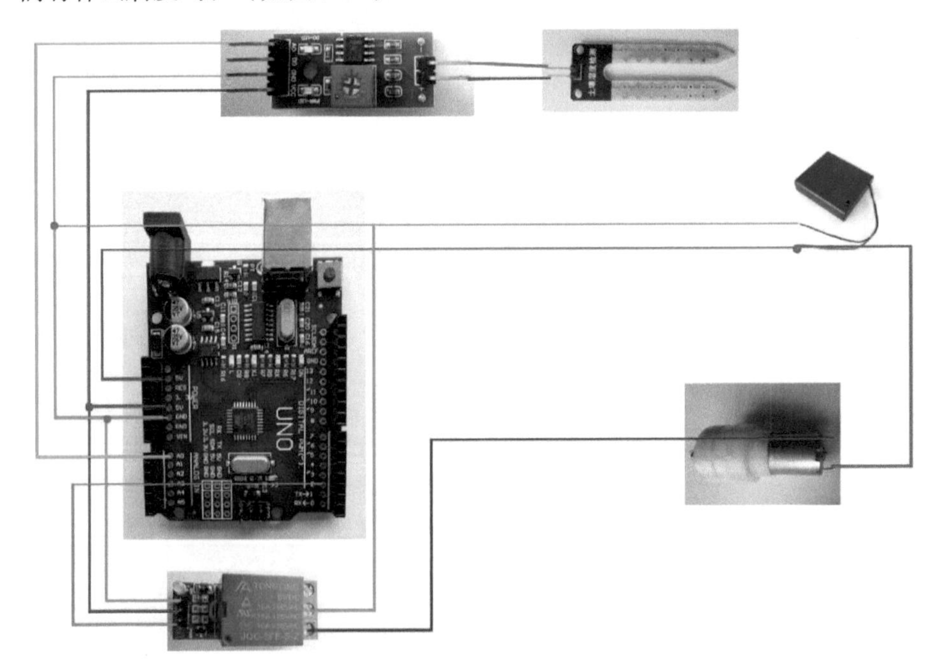

图 9.16

实践探索

4 组装电路并编写程序

本环节任务：组装实物电路并编写控制程序。

1. 按照自己设计的电路图，选择元器件组装电路。

下面这个电路是李小萌同学搭建的实物图，土壤湿度传感器 AO 引脚接 UNO 主板上的模拟引脚 A0，继电器的 IN 引脚接 UNO 主板上的数字引脚 2。对你们有启发吗？（如图 9.17）

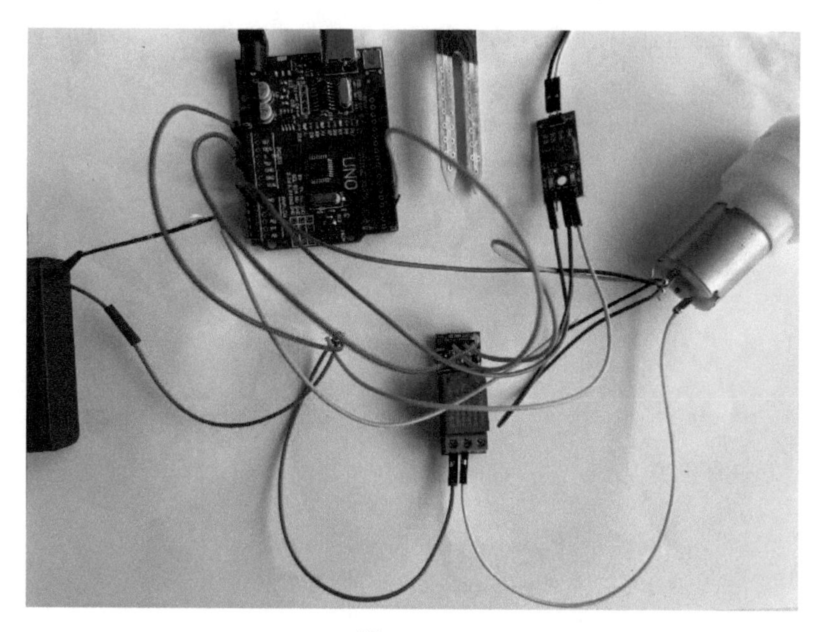

图 9.17

2. 编写程序

电路组装完毕，我们继续尝试编写程序吧，需要达到以下效果：当土壤湿度传感器检测到模拟量大于 800 时，继电器打开，水泵开始抽水；当土壤湿度传感器检测到模拟量小于 600 时，继电器关闭，水泵停止抽水。

（1）了解继电器的使用

要想通过程序控制继电器，在 Mind+ 软件的扩展模块中找到相对应的继

电器模块进行加载即可使用。（如图 9.18）

图 9.18

加载后，我们在菜单中找到可以控制继电器的命令语句。（如图 9.19）

图 9.19

输入以下程序并上传，让你的继电器每隔一秒可以改变打开或者关闭的状态。（如图 9.20）

图 9.20

请利用以上所学，开动你们的脑筋，用土壤湿度传感器来控制继电器的开关状态吧。请写出你的想法。

（2）分享交流

和同伴分享你的想法，并听听他们的建议。

（3）编写程序

请写出你们的程序。

（4）测试程序

请测试你们的程序，说说你们的感受。

（5）他山之石

这是李小萌同学编写的程序，对你们有什么启发吗？（如图 9.21）

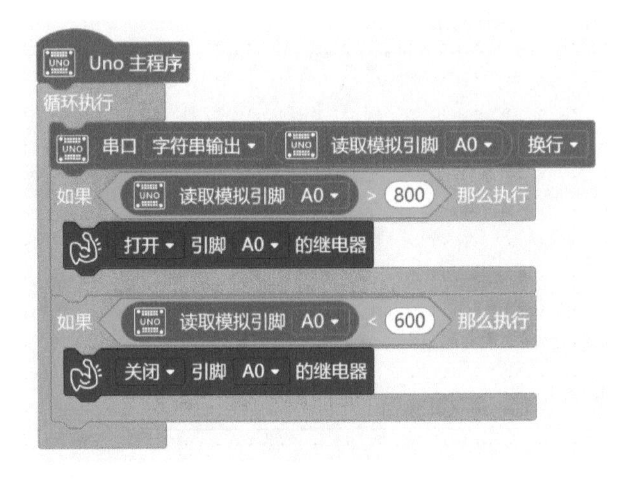

图 9.21

模型测试

5 实物连接并测试

本环节任务：利用激光切割软件设计并制作实物，将设计好的电路进行安装，完成作品。

1. 激光切割软件设计作品（如图 9.22）

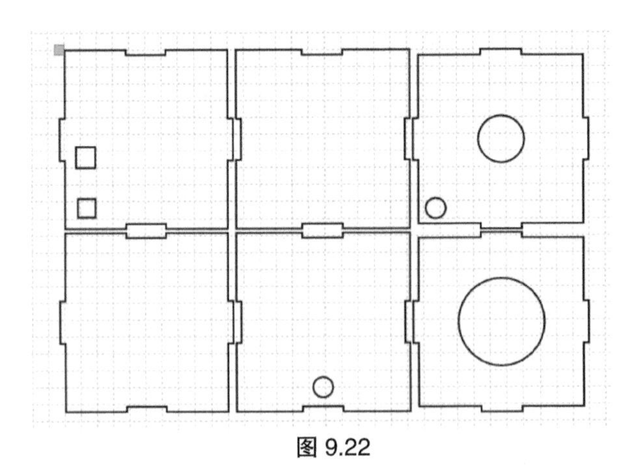

图 9.22

2. 激光切割并组装实物（如图 9.23）

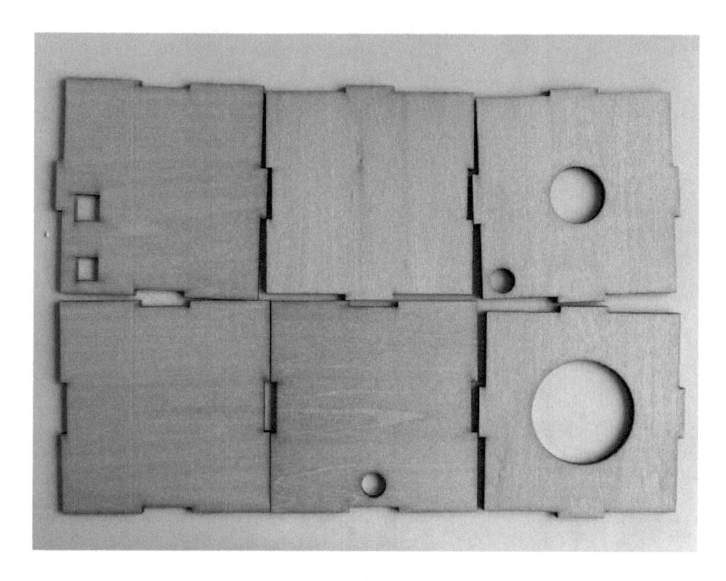

图 9.23

3. 内部结构（如图 9.24）

图 9.24

4. 成品展示（如图 9.25）

图 9.25

当土壤湿度传感器检测到土壤过干时，水泵开始抽水，用瓶中水浇灌土壤，当检测到土壤足够湿润时停止工作。

项目十
密码箱

问题聚焦

在 STEM 社团课上，华安同学提出一个问题，他有一些重要的文件想存放到一个只有自己能用密码打开的地方，应该怎么办呢？在交流中，大家提出银行的密码箱能够保存重要的文件，我们可以尝试做一个类似的普通密码箱，来存放一些我们认为重要的文件。

到底要如何实现呢？让我们来一起探个究竟吧！

明确主题

为了完成这个任务，我们利用 Arduino UNO R3 主板、矩阵键盘、OLED 显示模块、舵机、大按键、fritzing 电路设计软件、Mind+ 图形化编程软件、LASER MAKER 激光切割软件试着做一个简单的“密码箱”吧。

步骤 1：学习矩阵键盘、舵机、大按键、OLED 显示模块的使用方法。

步骤 2：将矩阵键盘、舵机、大按键、OLED 显示模块和 UNO R3 主板组合实现基本功能。

步骤 3：利用激光切割软件，设计制作一个密码箱模型。

步骤 4：组装各元件，并测试效果。

认识伙伴

Arduino UNO R3 主板

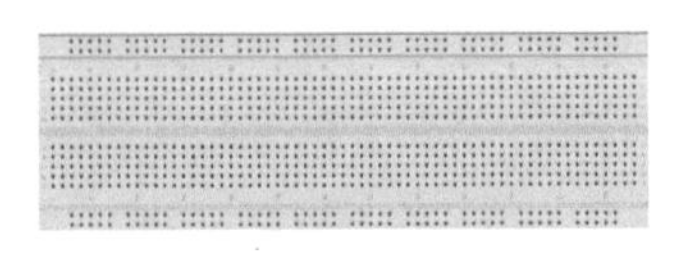

面包板

杜邦线

fritzing 电路设计软件

Mind+ 图形化编程软件

LASER MAKER 激光切割软件

OLED 显示模块

舵机

矩阵键盘

大按键

学习技能

1 认识矩阵键盘

本环节任务：了解矩阵键盘的基本原理及用法。

1. 矩阵键盘

本项目中的矩阵键盘使用 8 个 I/O 口来进行 16 个按键的控制读取，可以减少 I/O 口的使用。它是用 4 条 I/O 线作为行线、4 条 I/O 线作为列线组成的键盘。在行线和列线的每个交叉点上，设置一个个数为 4 × 4 的按键。（如图 10.1）

图 10.1

2. 矩阵键盘的连接方法

矩阵键盘一共有 8 个引脚：C4、C3、C2、C1、R1、R2、R3、R4，C 和 R 都是英文缩写，R=row（行），C=column（列），从 C4 到 R4 分别连接 8 个数字引脚。（如图 10.2）

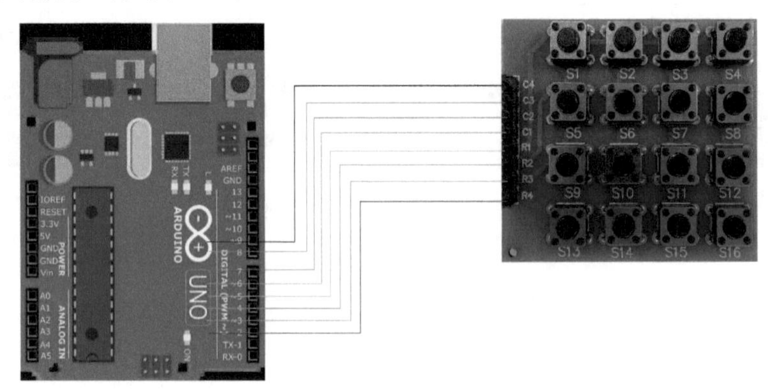

图 10.2

3. 学习矩阵键盘的使用方法

（1）在用户库中导入矩阵键盘传感器

矩阵键盘不是 Mind+ 中自带的传感器，我们首先要进入用户库界面，导入矩阵键盘传感器。（如图 10.3）

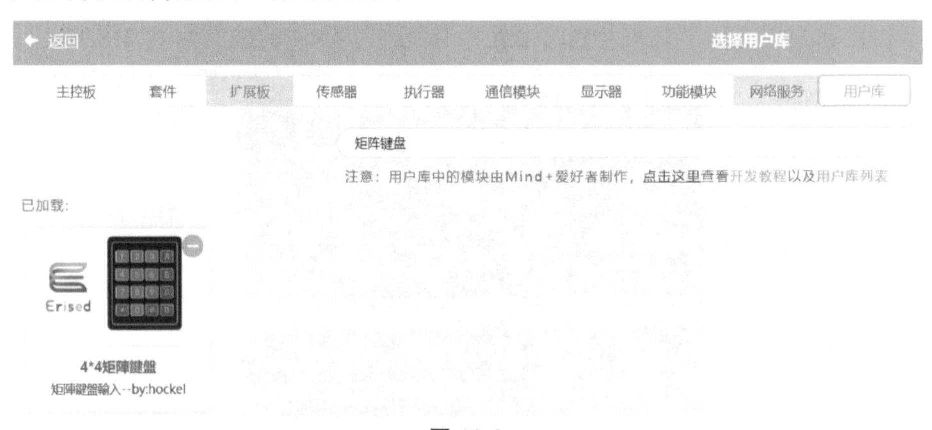

图 10.3

（2）认识矩阵键盘控制语句

将矩阵键盘模块导入 Mind+ 之后，用户库中会多出 3 个不一样的语句。

第一个语句是初始化 4×4 矩阵键盘的 4 行，第二个语句是初始化 4×4 矩阵键盘的 4 列，第三个是获取矩阵键盘按键数值。（如图 10.4）

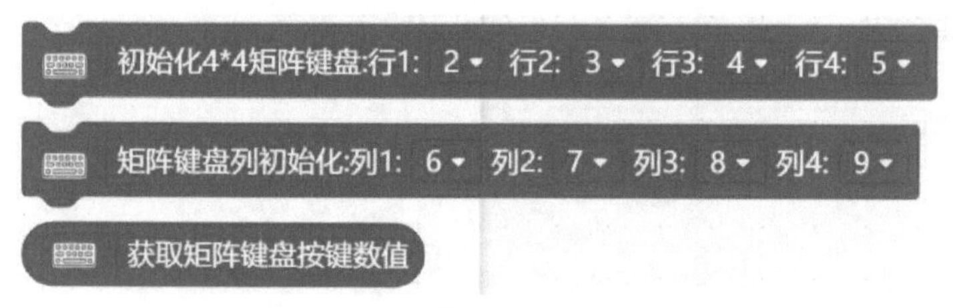

图 10.4

我们在使用“获取矩阵键盘按键数值”语句的时候，需要在 Uno 主程序下方拖入初始化矩阵键盘的行和列两个语句。（如图 10.5）

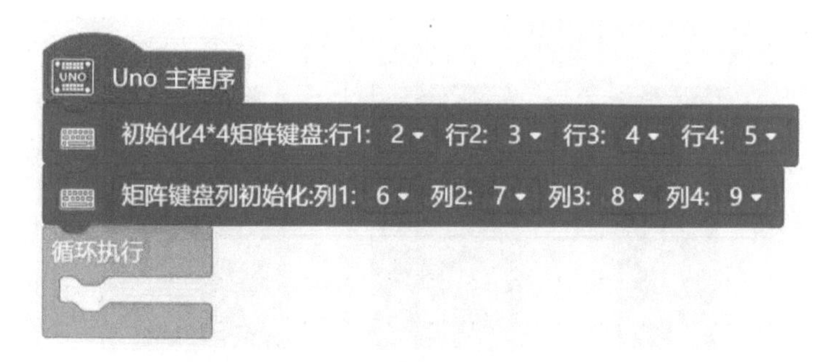

图 10.5

如果我们想要看到矩阵键盘输入的值，应该怎么办呢？我们可以用到之前学到的“串口字符串输出”语句，将“获取矩阵键盘按键数值”拖入椭圆框中，然后上传到设备。（如图 10.6）

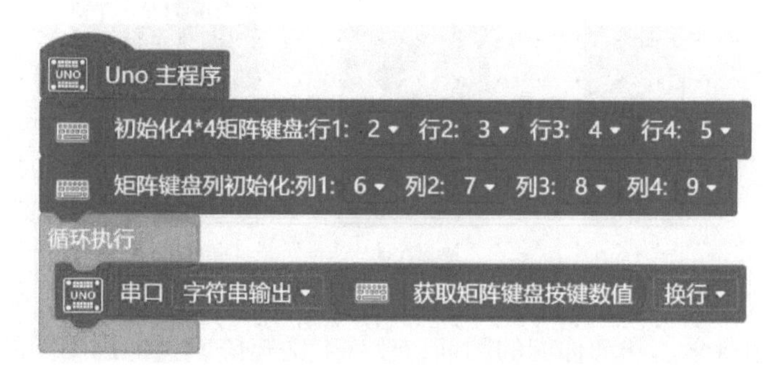

图 10.6

通过初始化矩阵键盘的 C++ 语句，我们可以发现：矩阵键盘的按键排列第一行为“1、2、3、A”；第二行为“4、5、6、B”；第三行为“7、8、9、C”；第四行为“*、0、#、D”。（如图 10.7）

```
{'1','2','3','A'},
{'4','5','6','B'},
{'7','8','9','C'},
{'*','0','#','D'}
```

图 10.7

让我们尝试操作矩阵键盘观察 Mind+ 右下角的串口字符输出的不同吧！（如图 10.8、图 10.9、图 10.10）

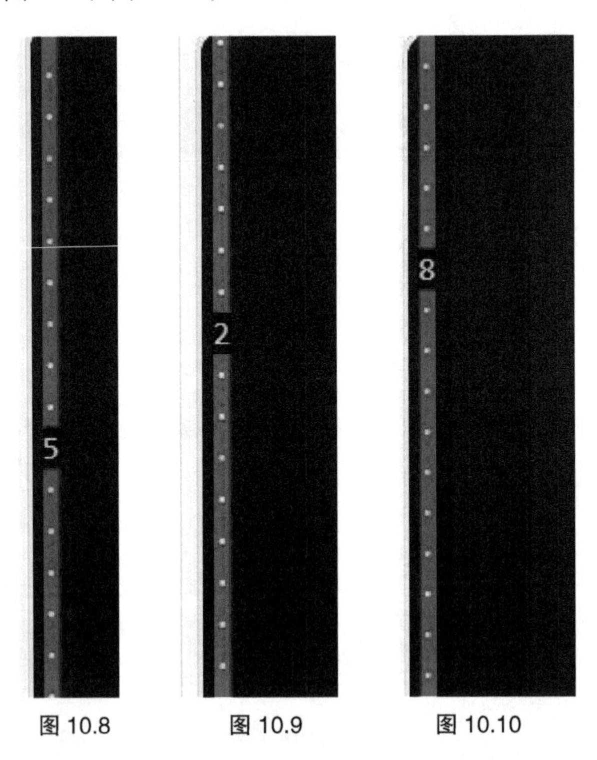

图 10.8　　图 10.9　　图 10.10

4. 利用所学，开动你们的脑筋，让你们的矩阵键盘输出不同的字符吧，是谁能够输出更多的字符呢？对实验结果进行记录，我们拭目以待！

② 认识4针OLED显示模块

本环节任务：了解 4 针 OLED 显示模块的基本原理及用法。

1. 4 针 OLED 显示模块

OLED 是有机发光二极管的简称，本项目使用的是 4 针 OLED 显示模块。它利用非常薄的有机材料作为涂层，当有电流通过时，有机材料就会发光，有显示效果好、功耗低等优点。（如图 10.11、图 10.12）

图 10.11　OLED 模块正面

图 10.12　OLED 模块反面

2. 4 针 OLED 显示模块工作原理

它的两电极之间含有机发光层，正负极电子在此材料中相遇就会发光。

3. 4 针 OLED 显示模块的连接方法

4 针 OLED 显示模块上有四个引脚：VDD、GND、SCK、SDA。其中 VDD

（+3.3V）为供电电源（注意：OLED 用 +5V 供电容易导致发热损坏）；GND 引脚接 GND；SDA 为数据输入输出引脚，接 UNO 主板上的 SDA 引脚；SCK 为时钟控制信号引脚，接 UNO 主板上的 SCL 引脚。（如图 10.13）

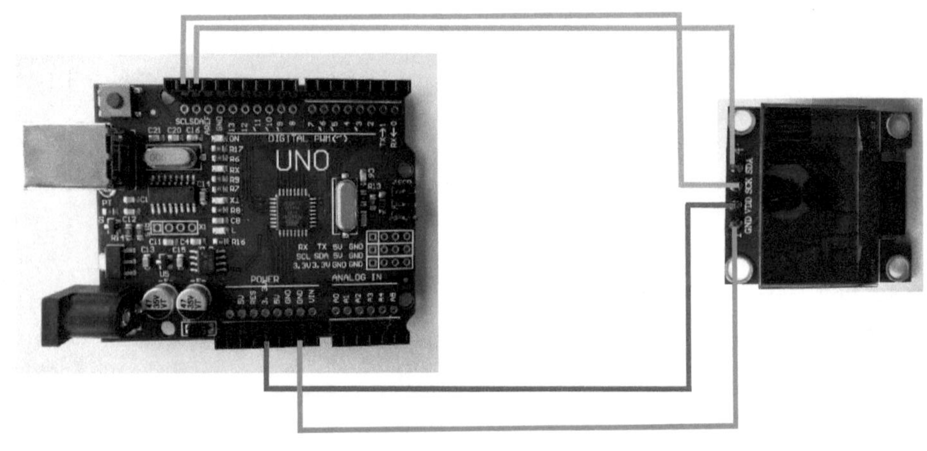

图 10.13

4. 学习 4 针 OLED 显示模块的显示方法

（1）加载 OLED 模块

如果要让 OLED 显示相应的字符，可以打开 Mind+ 软件，点击扩展按钮，到用户库中加载 OLED 模块。（如图 10.14）

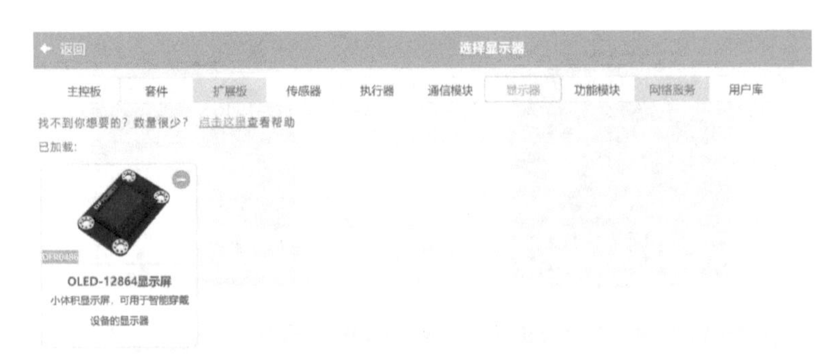

如图 10.14

（2）了解 OLED 的显示模块

点击 Mind+ 软件左侧的“显示器”菜单，会弹出与 OLED 相关的 5 个模块，分别对应的意思是“初始化”“在第几行显示特定字符”“在特定坐标显示

特定字符”“清屏”和“屏幕旋转的角度”，根据所需选择适合的模块进行操作。（如图 10.15）

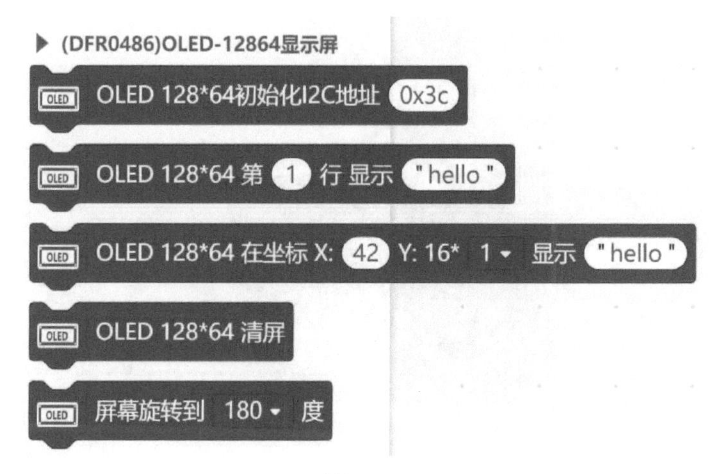

图 10.15

（3）任务：让 OLED 在第一行显示“欢迎来到创客世界”

为了完成这个任务，李小萌同学首先搭建了硬件图，对你们有什么启发吗？（如图 10.16、图 10.17）

图 10.16

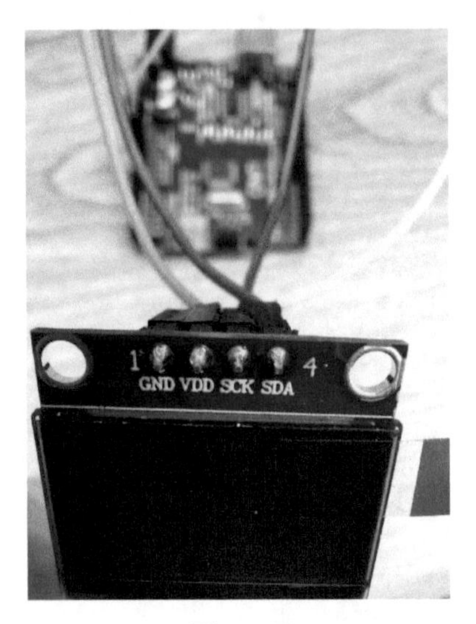

图 10.17

接着打开 Mind+ 软件，写出了以下程序。你可以像她一样编写程序并上传到主板吗，尝试操作并看看效果吧！（如图 10.18、图 10.19）

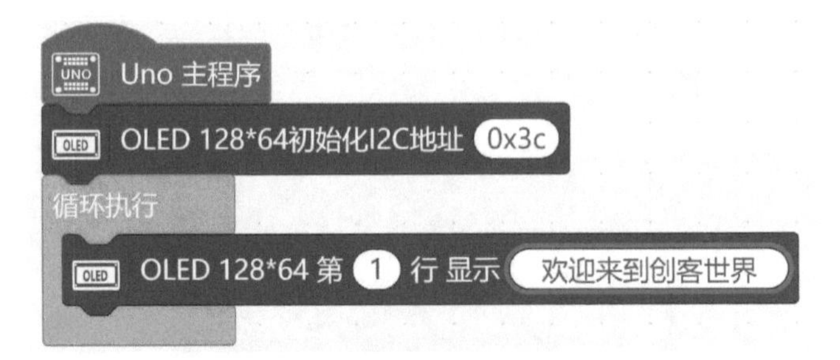

图 10.18

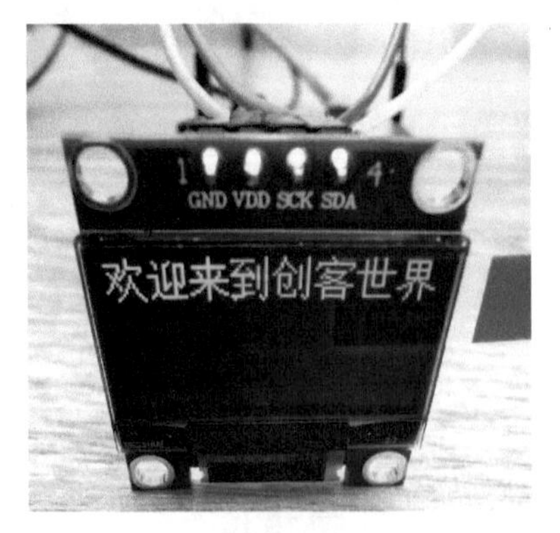

图 10.19

5. 利用所学，尝试让你们的 OLED 显示不同的字符吧，将实验结果记录下来。

学习技能

3 认识大按键

本环节任务：了解大按键和舵机的基本原理及用法。

1. 大按键

按键输入原理：键盘中每一个按键都是一个常开的开关电路，所设置的功能键或一个键盘需要通过接口电路与单片机相连，以便把键的开关状态通知单片机。单片机可以采用查询或中断的方式了解有无键输入或检查哪一个键被按下，并通过转移指令转入执行该键的功能程序，执行完又返回到原始状态。

本项目使用的大按键一共有 3 个引脚，分别为 OUT、VCC、GND，OUT 接单片机数字引脚，用来将大按键按下或者没有按下的状态传输到单片机，VCC 为正极接 +5V，GND 为负极接 GND。（如图 10.20）

图 10.20

2. 舵机

（1）舵机的简介

舵机只是我们通俗的叫法，它的本质是一个伺服电机，也可以叫作位置（角度）伺服驱动器。舵机一般被应用在那些需要控制角度变化的系统中，可以实现控制任意角度的转动和变化。（如图 10.21）

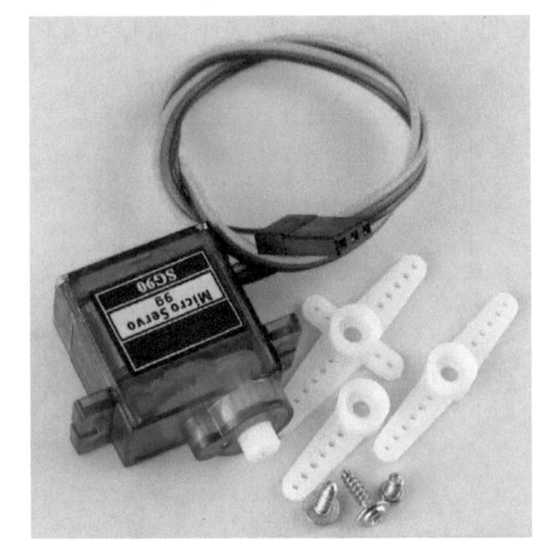

图 10.21

（2）舵机的接法

如图 10.21 所示，舵机有红、黄、棕三根导线，红色接主板的 VCC 引脚，棕色接 GND 引脚。黄色为信号线，接模拟引脚，比如 A0，速记口诀为“红正、棕负、黄信号”。

连接大按键、舵机、主板电路，舵机黄色信号线接 A0 引脚，大按键 OUT 接 A1 引脚。（如图 10.22）

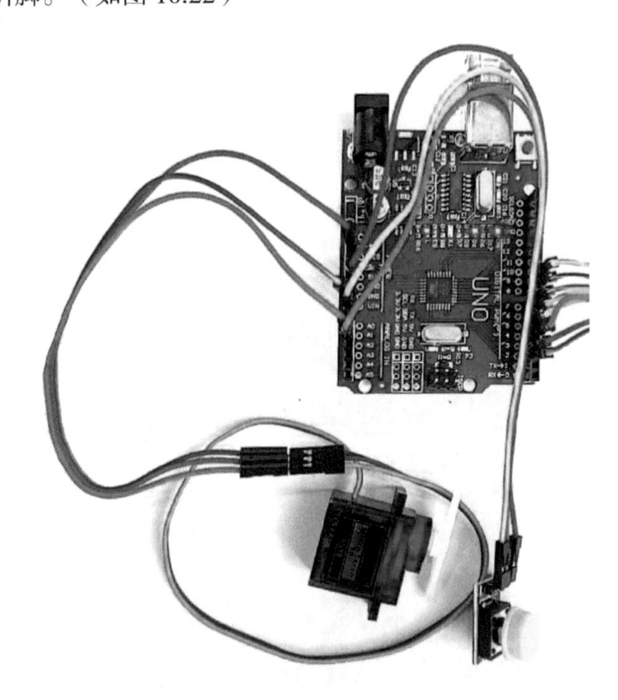

图 10.22

3. 编写程序来实现大按键控制舵机转动

请参考以下程序，尝试自行编写程序，并上传到主板中，看看对你有什么启发吗？（如图 10.23）

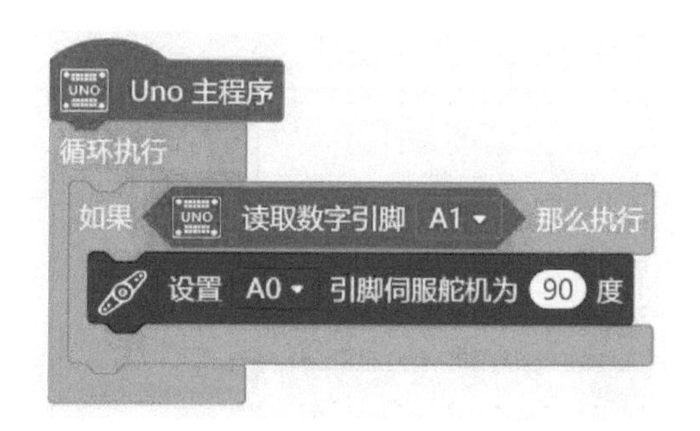

图 10.23

自主设计

4 设计电路图

本环节任务：设计电路图并进行修改迭代。

1. 出示工程任务：你打算如何利用所学的知识，以及本节课提供的材料，帮助华安同学设计一个“密码箱”？

2. 独立设计

请写出你的设计思路，也可以利用 fritzing 软件画出设计图噢。

3. 分享成果

将你的设计想法与组内同学分享，听听他们的建议。

同学们的建议：

4. 修改优化

综合同学们的想法，你是否要对自己的设计进行修改优化呢？

实践探索

5 组装电路并编写程序

本环节任务：组装实物电路并编写控制程序。

1. 按照自己设计的电路图，选择元器件组装电路。

下面是李小萌同学设计的电路图，矩阵键盘 C4 到 R4 分别接数字引脚 2 到 9；舵机黄色信号线接模拟引脚 A0；大按键 OUT 引脚接模拟引脚 A1；OLED 显示屏 SDA 引脚接控制板 SDA 引脚；SCK 引脚接 SCL 引脚；VDD 引脚接 +3.3V。（注意：OLED 显示屏只能用 +3.3V 供电，+5V 电压过高，容易导致电子元器件损坏。）此电路设计对你们有启发吗？（如图 10.24）

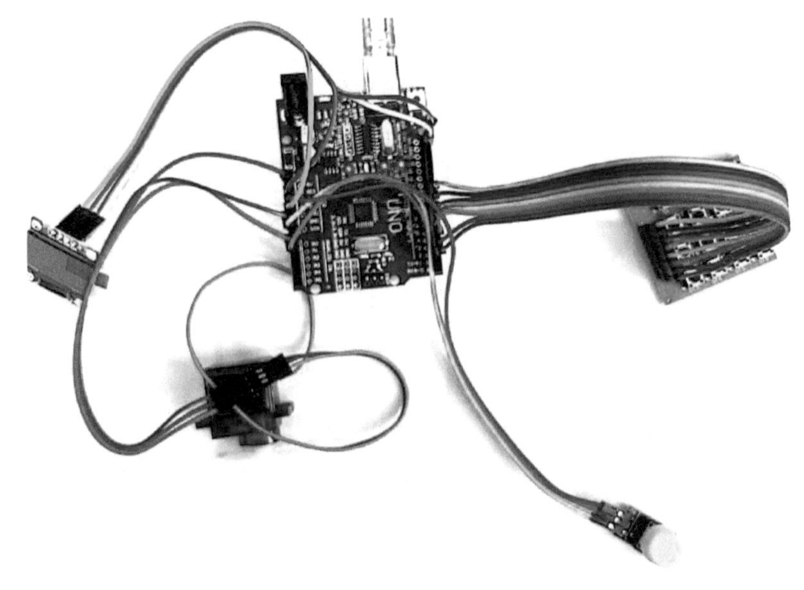

图 10.24

2. 编写程序

电路组装好了，下一步，我们来编写程序，达到以下效果：当控制主板通电时，OLED 屏显示“请输入密码”，按下矩阵键盘按键，第一次按显示“*”，第二次按显示“** ”，第三次按显示“*** ”，第四次按短暂显示“****”；如果密码输入错误，则显示屏显示“密码错误”，如果密码输入正确，则显示屏显示“密码正确”，舵机转动；打开密码箱，当舵机转动后，如果按下大按键，则舵机归位。

（1）学习变量菜单中的“列表”模块

变量菜单中的“列表”模块就相当于一个可以存储数值的仓库，所有放进仓库的数值都是按照顺序整齐排列的。

“密码箱”所需要用到的密码就可以存放在列表中。（如图 10.25）

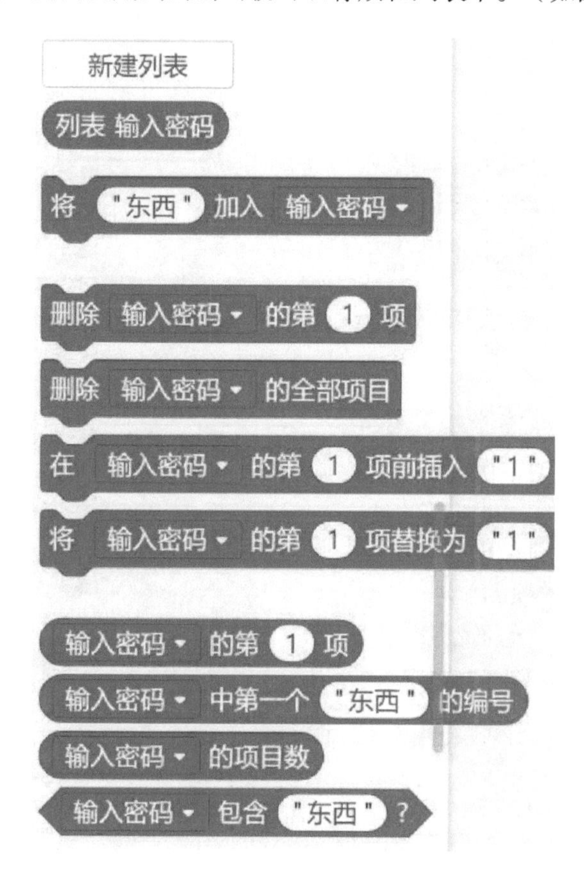

图 10.25

（2）了解“密码箱”会使用到的字符类型

新建数字类型变量

图 10.26

新建字符串类型变量

图 10.27

Mind+ 中有两种新建字符类型语句，一是“新建数字类型变量”（如图 10.26），二是“新建字符串类型变量”（如图 10.27）。字符型数据是不具有计算能力的文字数据类型，它包括中文字符、英文字符、数字字符和其他 ASC Ⅱ字符，其长度（即字符个数）范围是 0~254 个字符。字符型变量是用来保存单字符的一种变量，如 *a*。而矩阵键盘输出的是 ASC Ⅱ字符，所以我们在使用时要将其转化为字符型变量。聪明的小华想到了一种方式可以直观地看到矩阵键盘输出的数字，让我们来看看他是怎么做的。（图 10.28、图 10.29、图 10.30）

图 10.28

图 10.29

图 10.30

大家可以参照小华的方法，将程序上传到主板，按下矩阵键盘上的按钮，观察 Mind+ 右下角串口输出的数据。我们可以发现，按一个按键，串口就会输出相对应的数字或者符号，否则串口不输出。（如图 10.31）

图 10.31

试着编写程序，让你的矩阵键盘显示你心中的那个数字吧！

（3）尝试“密码箱”编程

请利用以上所学，开动你们的脑筋，让主控板、OLED 显示屏、大按键、舵机达到以下效果：当控制主板通电时，OLED 屏显示“请输入密码”，按下矩阵键盘按键，第一次按显示“*”，第二次按显示“**”，第三次按显示“***”，第四次按短暂显示“****”。如果密码输入错误，则显示屏显示“密码错误”，否则显示“密码正确”，舵机随即转动。打开密码箱，当舵机转动后，如果按下大按键，则舵机归位。

请写出你的想法。

（4）分享交流

和同伴分享你的想法，并听听他们的建议。

（5）编写程序

请写出你们的程序。

（6）测试程序

请测试你们的程序，说说你们的感受。

（7）他山之石

这是李小萌同学编写的程序，对你们有什么启发吗？（如图 10.32、图 10.33、图 10.34、图 10.35、图 10.36）

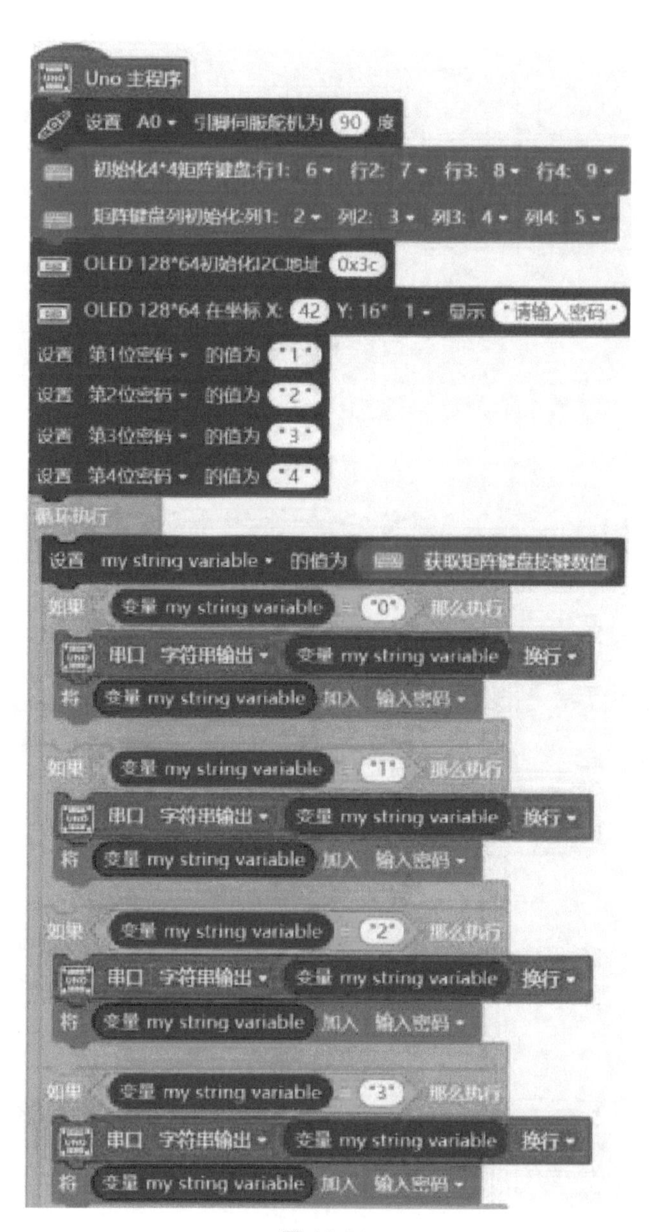
Uno 主程序
设置 A0 引脚伺服舵机为 90 度
初始化4*4矩阵键盘:行1: 6 行2: 7 行3: 8 行4: 9
矩阵键盘列初始化:列1: 2 列2: 3 列3: 4 列4: 5
OLED 128*64初始化I2C地址 0x3c
OLED 128*64 在坐标 X: 42 Y: 16 1 显示 "请输入密码"
设置 第1位密码 的值为 "1"
设置 第2位密码 的值为 "2"
设置 第3位密码 的值为 "3"
设置 第4位密码 的值为 "4"
循环执行
设置 my string variable 的值为 获取矩阵键盘按键数值
如果 变量 my string variable = "0" 那么执行
串口 字符串输出 变量 my string variable 换行
将 变量 my string variable 加入 输入密码
如果 变量 my string variable = "1" 那么执行
串口 字符串输出 变量 my string variable 换行
将 变量 my string variable 加入 输入密码
如果 变量 my string variable = "2" 那么执行
串口 字符串输出 变量 my string variable 换行
将 变量 my string variable 加入 输入密码
如果 变量 my string variable = "3" 那么执行
串口 字符串输出 变量 my string variable 换行
将 变量 my string variable 加入 输入密码

图 10.32

如果 变量 my string variable = "4" 那么执行
串口 字符串输出 变量 my string variable 换行
将 变量 my string variable 加入 输入密码
如果 变量 my string variable = "5" 那么执行
串口 字符串输出 变量 my string variable 换行
将 变量 my string variable 加入 输入密码
如果 变量 my string variable = "6" 那么执行
串口 字符串输出 变量 my string variable 换行
将 变量 my string variable 加入 输入密码
如果 变量 my string variable = "7" 那么执行
串口 字符串输出 变量 my string variable 换行
将 变量 my string variable 加入 输入密码
如果 变量 my string variable = "8" 那么执行
串口 字符串输出 变量 my string variable 换行
将 变量 my string variable 加入 输入密码
如果 变量 my string variable = "9" 那么执行
串口 字符串输出 变量 my string variable 换行
将 变量 my string variable 加入 输入密码

图 10.33

如果 变量 my string variable = "A" 那么执行
串口 字符串输出 变量 my string variable 换行
将 变量 my string variable 加入 输入密码
如果 变量 my string variable = "B" 那么执行
串口 字符串输出 变量 my string variable 换行
将 变量 my string variable 加入 输入密码
如果 变量 my string variable = "C" 那么执行
串口 字符串输出 变量 my string variable 换行
将 变量 my string variable 加入 输入密码
如果 变量 my string variable = "D" 那么执行
串口 字符串输出 变量 my string variable 换行
将 变量 my string variable 加入 输入密码
如果 变量 my string variable = "*" 那么执行
串口 字符串输出 变量 my string variable 换行
将 变量 my string variable 加入 输入密码
如果 变量 my string variable = "#" 那么执行
串口 字符串输出 变量 my string variable 换行
将 变量 my string variable 加入 输入密码

图 10.34

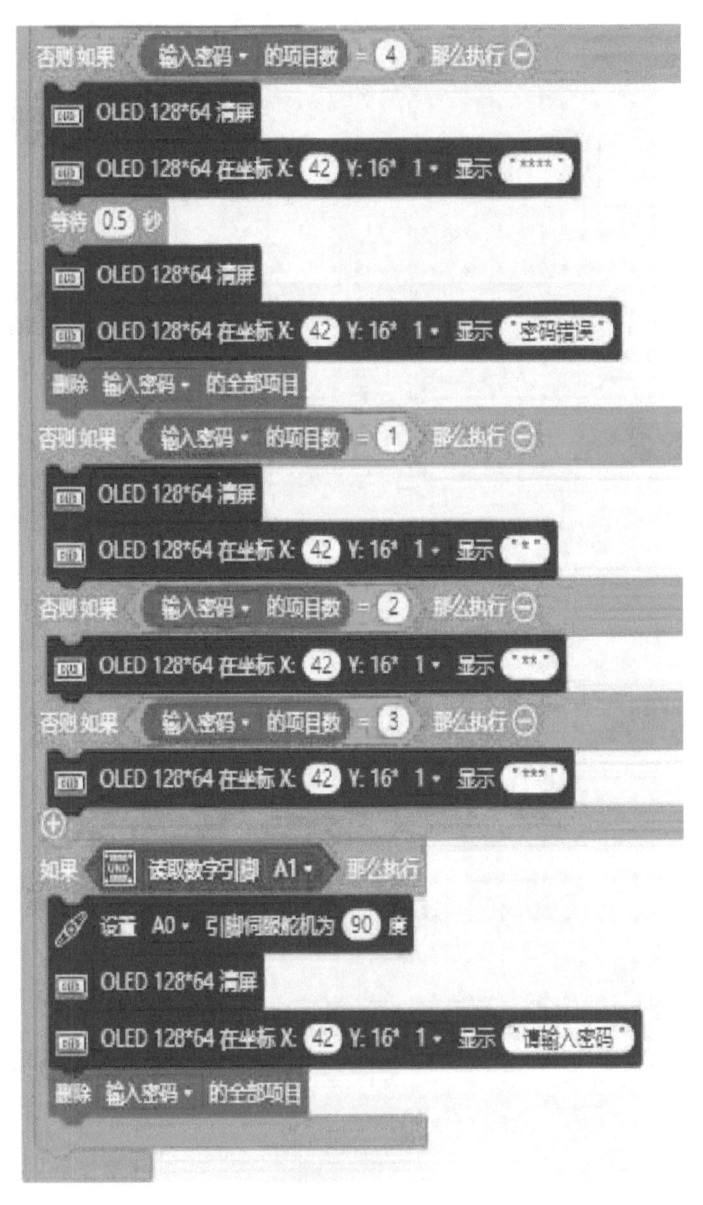
否则如果 输入密码 的项目数 = 4 那么执行
OLED 128*64 清屏
OLED 128*64 在坐标 X: 42 Y: 16* 1 显示 "****"
等待 0.5 秒
OLED 128*64 清屏
OLED 128*64 在坐标 X: 42 Y: 16* 1 显示 "密码错误"
删除 输入密码 的全部项目
否则如果 输入密码 的项目数 = 1 那么执行
OLED 128*64 清屏
OLED 128*64 在坐标 X: 42 Y: 16* 1 显示 "*"
否则如果 输入密码 的项目数 = 2 那么执行
OLED 128*64 在坐标 X: 42 Y: 16* 1 显示 "**"
否则如果 输入密码 的项目数 = 3 那么执行
OLED 128*64 在坐标 X: 42 Y: 16* 1 显示 "***"
如果 读取数字引脚 A1 那么执行
设置 A0 引脚伺服舵机为 90 度
OLED 128*64 清屏
OLED 128*64 在坐标 X: 42 Y: 16* 1 显示 "请输入密码"
删除 输入密码 的全部项目

图 10.35

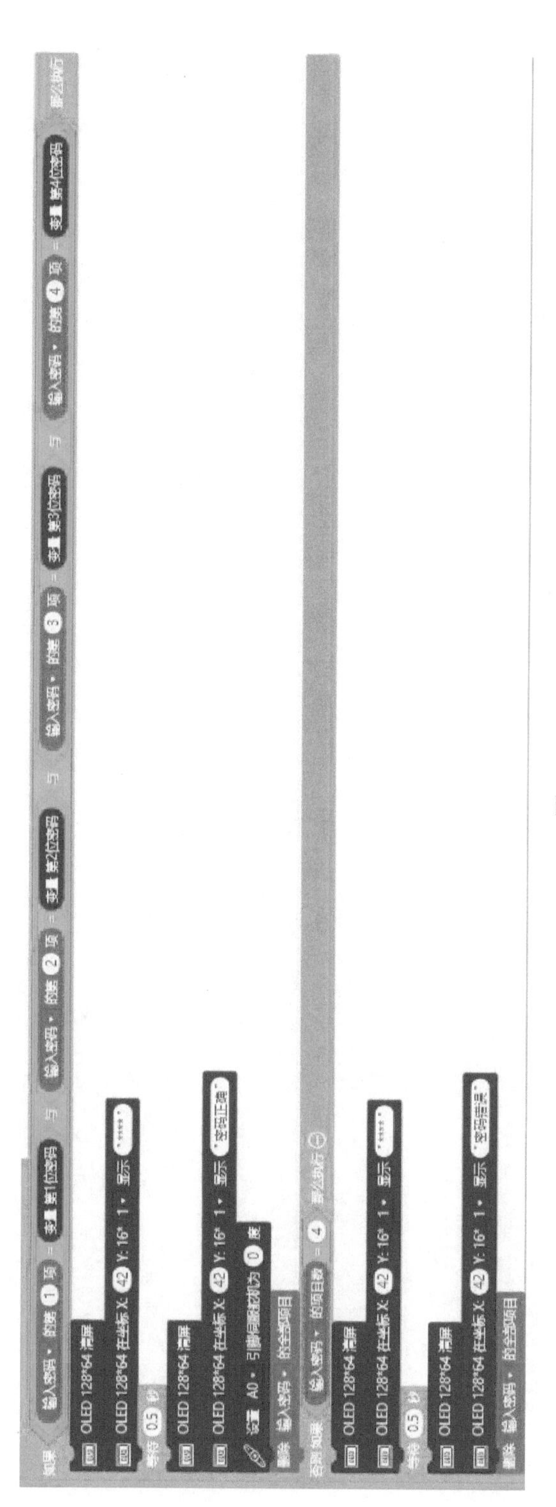
如果 输入密码 的第 1 项 = 变量 第1位密码 与 输入密码 的第 2 项 = 变量 第2位密码 与 输入密码 的第 3 项 = 变量 第3位密码 与 输入密码 的第 4 项 = 变量 第4位密码 那么执行
OLED 128*64 清屏
OLED 128*64 在坐标 X: 42 Y: 16* 1 显示 "****"
等待 0.5 秒
OLED 128*64 清屏
OLED 128*64 在坐标 X: 42 Y: 16* 1 显示 "密码正确"
设置 A0 引脚伺服舵机转为 0 度
删除 输入密码 的全部项目
否则如果 输入密码 的项目数 = 4 那么执行
OLED 128*64 清屏
OLED 128*64 在坐标 X: 42 Y: 16* 1 显示 "****"
等待 0.5 秒
OLED 128*64 清屏
OLED 128*64 在坐标 X: 42 Y: 16* 1 显示 "密码错误"
删除 输入密码 的全部项目

图 10.36

模型测试

6 实物连接并测试

本环节任务：利用激光切割软件进行设计并制作实物，将设计好的电路进行安装，完成作品。

1. 激光切割软件设计作品（如图 10.37）

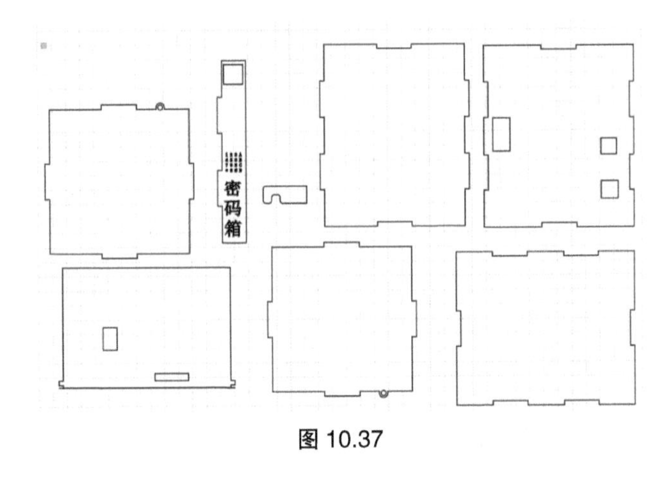

图 10.37

2. 激光切割并组装实物（如图 10.38）

图 10.38

3. 内部结构（如图 10.39）

图 10.39

4. 成品展示（如图 10.40）

图 10.40